油库(站)HSE 培训系列丛书

油品化验工 HSE 培训读本

胡役芹　杜占合　主编

中国石化出版社

内 容 提 要

本书针对油库油品化验室在进行油品化验过程中存在的健康、安全和环境问题，在分析油品化验室职能、化验室危险因素及环境因素的基础上，介绍了油品化验室 HSE 管理技术，并且结合石油产品试验方法标准，重点阐述了石油产品取样与油品理化指标评定中的危害因素与控制。本书浅显易懂、资料翔实、内容丰富、通俗实用，是对油库油品化验工进行 HSE 培训的教科书，亦可作为相关技术人员和院校相关专业学生学习参考书。

图书在版编目(CIP)数据

油品化验工 HSE 培训读本 / 胡役芹,杜占合主编.
—北京:中国石化出版社,2012.11
ISBN 978-7-5114-1862-3

Ⅰ.①油… Ⅱ.①胡… ②杜… Ⅲ.①石油产品-油质化验-技术培训-教材 Ⅳ.①TE626

中国版本图书馆 CIP 数据核字(2012)第 282942 号

中国石化出版社出版发行
地址:北京市东城区安定门外大街 58 号
邮编:100011　电话:(010)84271850
读者服务部电话:(010)84289974
http://www.sinopec-press.com
E-mail:press@sinopec.com
河北天普润印刷厂印刷
全国各地新华书店经销
*
787×1092 毫米 16 开本 7 印张 168 千字
2013 年 1 月第 1 版　2013 年 1 月第 1 次印刷
定价:20.00 元

《油库（站）HSE 培训系列丛书》编委会

《油品化验工 HSE 培训读本》编委会

主　编：胡役芹　杜占合

副主编：胡建强　刘　芳

参编者：邱贞慧　郝敬团　杨士钊　宗　营

序

油库加油站是储存、运输、供应各种油品和天然气的石油储存销售企业。它所经营的油品、天然气或液化石油气都属于易燃易爆且有毒有害物质，稍有不慎就可能酿成财损人亡的灾难性事故。为努力达到“零事故、零伤亡、零污染”这一最高目标，近十年来，我国石油行业建立及实施了目前国际石油石化行业通行的健康、安全与环境管理(HSE)体系，并取得了可喜效果，重大事故得到了有效遏止，取得了显著的社会和经济效益。

综观全国油库加油站实施HSE管理体系的实际情况，当前还存在着一些问题，譬如，对建立HSE管理体系的深刻意义认识不足；对HSE管理体系的先进管理理念理解不深；提供的人力、物力、财力等资源不够充分，不能满足实际需要；培训抓得不力，存在着参加培训的人员不做HSE管理的事，而实际做HSE管理事的人未参加培训；危害识别与风险评价没有充分落实，无法达到预防为主的目的等。所有这些问题，其根源还在于HSE管理体系的宣传教育的力度不够，抓全员培训的强度不够，没有做到让建立与实施HSE管理体系对于油库加油站的深远而重大的意义真正深入人心，达到人人皆知、家喻户晓的程度；没有做到油库加油站实施HSE管理体系的基础知识和基本技能真正广泛普及，没有达到油库加油站全体员工人人掌握、人人熟悉的程度。

为了将油库加油站HSE管理体系的实施提高到一个新水平、跃上一个新台阶，就必须从最基础的全体员工的培训教育抓起。这是建立HSE管理体系的前提，因为只有提高了全体员工对HSE管理体系的理性认识，又提高了全体员工的建立HSE管理体系的技术和技能，才能使油库加油站HSE管理体系的建立与实施更上一层楼，真正达到“零事故、零伤亡、零污染”的最高目标。为满足油库加油站全体员工HSE培训教育的需要，我们组织编撰了一套《油库(站)HSE培训系列丛书》，共分八册出版，包括《油库(站)HSE培训必读》、《油库(站)HSE管理体系实务指南》、《油品装卸工HSE培训读本》、《加(发)油员HSE培训读本》、《油品化验工HSE培训读本》、《油库电工HSE培训读本》、《油车驾驶员 HSE 培训读本》和《油库(站)施工 HSE 培训读本》。其中,《油库(站)HSE 培训必读》主要介绍了 HSE 管理体系的基本技术和基本技能。这些知识、技术及技能对油库加油站全体员工来说都是必须了解的,而且是必须熟悉掌握的,是油库加油站作业人员上岗前就应该具备的,因此该书是油库加油站所有岗位上的员工进行 HSE 培训的教材,同时,也是油库加油站员工上岗前组织业务培训的教材。《油库(站)HSE 管理体系实务指南》是针对油库加油站当前在建立及实施 HSE 管理体系中存在的一些主要问题,重点介绍了建立和实施 HSE 管理体系的关键环节、常见问题和解决途径,并较详尽地阐述了油库加油站危害因素和环境因素的识别方法、风险评价方法、环境影响评估方法和应急救援技术。该书主要供培训油库加油站 HSE 管理人员使用,亦可作为其他相关专业人员的参考资料。这套丛书的另外几本是根据油库加油站常用工种的岗位特点编写的,可以分别作为各工种的 HSE 培训教材。由于油库加油站内改建扩建工程较多,在油库加油站内施工,因处于危险环境之中,HSE 管理有其特殊性,且必要性与重要性又异常突出,所以,专门编写了一本《油库(站)施工 HSE 培训读本》。

该丛书具有鲜明的针对性、极高的实用性和很强的可操作性,深入浅出,通俗易懂,真诚希望这套丛书能为油库加油站建立及实施 HSE 管理体系发挥应有的作用。

编委会

前　言

油品分析化验室是从事石油产品质量评定及实验研究的场所，在油品分析过程中，要接触多种化学试剂、试样及试验仪器。这些仪器、试剂在使用过程中都可能产生一些有害气体、废液、废渣等污染物，影响工作和周围环境，危害油品分析员工的身体健康。因此，油品化验室应加强职业卫生、安全生产和环境保护方面的日常 HSE 管理，努力营造一种安全、健康、清洁、文明、和谐的氛围，以先进的 HSE 文化对油品化验室工作进行管理。本书即是对油库油品化验工的 HSE 管理进行分析和探讨，以提高油品分析化验室的 HSE 管理能力。

本书较系统地分析了油库油品化验室存在的危险因素及环境因素、石油产品取样与理化指标评定中的危害与控制。全书分为五章，第一章主要介绍了油品分析工作程序、化验室人员管理和化验室的要求；第二章介绍了油品的危害、化学试剂的危害因素与 HSE 管理、常用仪器设备危害因素识别与控制、化验室环境污染与处理；第三章分为化验室的机械性外伤的预防和急救、防火防爆、化学性的预防和急救以及安全用电与触电急救等油品化验室的 HSE 技术；第四章主要阐述石油产品取样与黏度、蒸馏、闪点、实际胶质、腐蚀试验等常用理化指标评定中的危害与控制；第五章讲解了烟点、铅含量、滴点等理化指标评定中的危害控制。

本书在内容选定上力求完整、丰富，符合我国油库油品化验工 HSE 管理需要与发展；在写法上力求浅显易懂，通俗实用。本书是对油库油品化验工进行 HSE 培训的教科书，亦可作为相关技术人员和院校相关专业学生学习参考书。

本书由胡役芹、杜占合、胡建强、马玉红、邱贞慧、郝敬团、杨士钊、宗营等编写，胡役芹、杜占合担任主编，胡建强、马玉红担任副主编，胡役芹负责策划和统稿。本书在编写过程中得到了朱焕勤教授、石永春教授等的大力支持，并参考了有关专著、教材和资料，在此一并表示衷心的感谢。

限于编者水平，本书如有疏漏和不妥之处，敬请指正。

编　者

目　录

第一章 概 述

第一节 油品分析的目的、任务及标准

油品分析是指用统一规定或公认的试验方法，分析检验石油产品理化性质和使用性能的试验过程。“石油产品分析”是建立在化学分析、仪器分析和石油炼制工程的基础上，以石油炼制中的原油分析、原材料分析、生产中控制分析和产品检验为主要内容的一项工作。

一、油品分析的目的和任务

1. 油品分析的目的

油品分析的目的是通过一系列的分析实验，为石油从原油到石油产品的生产过程和产品质量进行有效控制和检验。它是石油产品生产加工的“眼睛”，可为油品加工过程提供有效的科学依据。

2. 油品分析的任务

（1）为制订加工方案提供基础数据 对用于石油炼制的原油和原材料进行分析检验，为建厂设计和制订生产方案提供可靠的数据。

（2）为控制工艺条件提供数据 对各炼油装置的生产过程进行控制分析，系统地检验各馏出口产品和中间产品的质量，从而对各生产工序及操作进行及时调整，以保证产品质量和安全生产，并为改进生产工艺条件、提高产品质量、增加经济效益提供依据。

（3）检测石油产品的质量 对石油产品进行质量检验，确保进入商品市场的石油产品的质量，促进企业建立健全的质量保证体系。

（4）对油品的使用性能进行评定 对超期储存和失去标签或发生混串油品的使用性能进行评定，以便确定上述油品能否使用或提出处理意见。

（5）对石油产品的质量进行仲裁 当油品生产和使用部门对油品质量发生争议时，可根据国际或国家统一制定的标准进行检验，确定油品的质量，作出仲裁，以保证供需双方的合法利益。

二、石油产品分析的标准

1. 石油产品标准

石油产品标准是指将石油及石油产品的质量规格按其性能和使用要求规定的主要指标。石油产品标准包括产品分类、分组、命名、代号、品种(牌号)、规格、技术要求、检验方法、检验规则、产品包装、产品识别、运输、储存、交货和验收等内容。在我国主要执行中华人民共和国强制性标准(GB)、推荐性国家标准(GB/T)、石油化工行业标准(SH)和企业标准[如石油化工企业标准(Q/SH)]，涉外的按约定执行。

2. 试验方法标准

石油产品是复杂有机化合物的混合物，理化性质没有固定值，因此，其试验需用特定的仪器、按规定的操作条件进行。石油产品试验方法标准就是根据石油产品试验多为条件性试验的特点，为方便使用和确保贸易往来中具有仲裁和鉴定法律约束力，而制定的一系列分析方法标准。试验方法标准包括适用范围、方法概要、使用仪器、材料、试剂、测定条件、试

验步骤、结果计算、精密度等技术规定。根据标准的适应领域和有效范围分为以下六类。

（1）国际标准　由共同利益国家间的合作与协商制定，是为大多数国家所承认的，具有先进水平的标准。如国际标准化组织（ISO）所制定的标准及其确认并公布的其他国际组织所制定的标准。国际标准在全世界范围内统一使用。

（2）地区标准　局限在几个国家和地区组成的集团使用的标准。如欧洲标准化委员会（CEN）制定和使用的欧洲标准（EN）。

（3）国家标准　是指在全国范围内统一使用的标准，一般是由国家指定机关制定、颁布实施的法定性文件。例如，我国石油产品及石油产品试验方法国家标准是由国务院标准化行政主管部门指派中国石化石油化工科学研究院组织制定，在 1988 年以前由国家标准局颁布实施；1990 年后依次改由国家技术监督局、国家质量技术监督局、国家质量监督检疫检验总局发布。目前由国家质量监督检验检疫总局和国家标准化管理委员会联合发布。

国家标准号前都冠以不同字头，见表 1－1。例如，我国采用 GB，美国采用 ANSI，英国采用 BSI，德国采用 DIN，日本采用 JIS，俄罗斯采用 ГОТСТ 等。

表 1－1　部分国家标准、国家或国际化标准机构代码及名称

标准代号	原文名称	汉语译文
ANSI	American National Standard Institute	美国国家标准学会
API	American Petroleum Institute	美国石油学会
APIRP	American Petroleum Institute Recommended Practice	美国石油学会推荐使用规程
ASTM	American Society for Testing and Materials	美国材料与试验协会
BSI	British Standard Institution	英国标准协会
IEC	International Electrotechnical Commission	国际电工委员会
IP	Institute of Petroleum	（英国）石油学会
ISO	International Standardization Organization	国际标准化组织
DIN	Deutsche tndustrie Norm	德国工业标准
JIS	Japan Industrial Standard（英）	日本工业标准
NF	Normes Francises	法国标准

（4）行业标准　是指在无现行国家标准而又需要在全国行业范围内统一技术要求时所制定的标准。行业标准由国务院有关行政主管部门制定实施，并报国务院标准化行政部门备案，如中国石油化工行业标准用 SH 表示。行业标准不得与国家标准相抵触。

国际上著名的行业标准有美国材料与试验协会标准 ASTM、英国石油学会标准 IP 和美国石油学会标准 API。它们都是世界上著名的行业标准，是各国分析方法靠拢的目标。

（5）地方标准　在没有国家标准和行业标准，而又需要在省、自治区、直辖市范围内统一工业产品要求时所制定的标准。例如，北京市地方标准 DB 11/238—2004《车用汽油》。

（6）企业标准　在没有相应的国家或行业标准时，企业自身所制定的试验方法标准。企业标准须报当地政府标准化行政主管部门和有关行政主管部门备案。企业标准不得与国家标准或行业标准相抵触。为了提高产品质量，企业标准可以比国家标准或行业标准更高。

石油产品试验方法属技术标准中的方法标准。我国石油产品试验方法的编号意义如下：编号的字母（汉语拼音）表示标准等级，带有 T 的为推荐性标准，无 T 的为强制性标准，中间的数字为发布标准序号，末尾数字为审查批准年号，批准年号后面如有括号时，括号内的数字为该标准进行重新确认的年号。例如，GB 17930—2006 为中华人民共和国国家标准第 17930 号，2006 年批准；GB/T 19147—2003 为中华人民共和国国家推荐性标准第 19147 号，

2003 年批准；GB/T 261—1983(1991)为中华人民共和国推荐性标准第 261 号，1983 年批准，1991 年重新确认；SH/T 0404—2008 为中国石油化工行业推荐性标准第 0404 号，2008 年批准。

三、我国采用国际标准或国外先进标准的方式

1. 等同采用

“等同采用”用符号“≡”、缩写字母“idt”表示。其技术内容完全相同，没有或仅有编辑性修改，编写方法完全对应。

2. 等效采用

“等效采用”用符号“=”、缩写字母“eqv”表示。其技术内容基本相同，个别条款结合我国情况稍有差异，但可被国际标准接受，编写方法不完全对应。

3. 非等效采用

“非等效采用”即“参照采用”，用符号“≠”、缩写字母“nev”表示。其技术内容有重大差异，有互不接受的条款。

第二节 油品分析工作程序和实验数据的处理

一、油品分析的工作程序

1. 取样、登记

按国家规定方法采取试样，试样数量要根据化验项目的多少和是否留样而定，一般不少于 1L。需保存试样或有特殊要求时，应适当多取。取好的试样应将油品牌号、取样地点、取样日期、化验编号、试样数量、试样类型(如上部样、混合样)、取样人等项填入试样标签，贴在试样瓶上，登记编号。

2. 确定化验项目和试验方法

根据化验目的或送样单位的要求，确定化验项目，并按石油产品标准，确定试验方法。

3. 进行化验

油品分析应严格按照国家颁布的统一试验方法进行操作，不得随意更改试验条件。

试验前，首先目测检查试样的颜色、外观，有无水分、机械杂质等。化验中，要严格遵守操作规程，仔细观察试验情况，详细记录试验数据。试验结束后，要认真计算核对，发现疑问或试验结果超出允许误差时，要分析原因，重新试验，直到得出正确的结果。每个试验要严格执行做重复试验的规定。

4. 填写油品化验单，并根据化验结果判断油品质量

1）填写数据

填写化验单时，先根据试样标签、原始记录，将试样名称、编号等逐项填好，然后填写化验结果。化验单必须用黑、蓝色笔填写或打印，不许涂改。在填写化验单时，化验结果的保留位数，应严格按规定要求填写。

2）判断油品质量

在取得准确可靠化验结果的基础上，将各项结果与石油产品标准逐项对照，然后填写结论。结论应正确肯定。

二、数据中的有关术语

(1) 真实值 客观存在的真实数值。绝对的真实值是难以获得的，一般可在消除系统误

差后，用多个实验室得到的单个结果的平均值来表示。

(2) 误差　测量结果与真实值之间的差值。表示方法有绝对误差和相对误差。

(3) 绝对误差　误差的绝对值，即测定值减去真实值之差。

(4) 相对误差　绝对误差与真实值之比乘以 100% 所得的相对值。

(5) 系统误差　试验工作中由于某些恒定因素(如试验方法、试剂、仪器等)的影响而出现的恒定误差。这种误差表现为结果与真实值之间存在一个稳定的正误差或负误差。该类误差可通过改进实验技术予以减小。

(6) 偶然误差　在全部测试中，尽管最严格地控制了各种变量(条件)，但偶然的因素仍会使结果之间产生差异。该类误差一般为人为原因造成，其误差随机变化，可为正值或负值。

(7) 准确度　测量结果与真实值的符合程度，一般以相对误差来表示。

(8) 偏差　测量结果与平均值之间的差值。

(9) 精密度　用同一试验方法对同一试样测定的两个或多个结果的一致性程度。石油产品试验精密度用重复性和再现性表示。

(10) 重复性(r)　是指在相同的试验条件(同一操作者、同一仪器、同一实验室)下，在短时间间隔内，按同一方法对同一试验材料进行正确和正常操作所得独立结果在规定置信水平(置信度通常为 95%)下的允许差值。即在重复条件下，取得的两个结果之差小于或等于 r 时，则认为结果合格；当两个结果之差大于 r 时，则两个结果都应认为可疑。

(11) 再现性(R)　是指在不同试验条件(不同操作者、不同仪器、不同实验室)下，按同一方法对同一试验材料进行正确和正常操作所得单独的试验结果在规定置信水平(置信度通常为 95%)下的允许差值。两个实验室得到的结果，其差值小于或等于 R 时，则认为这两个结果是可接受的，可取这两个结果的平均值作为测定结果；否则，两者均可疑。

三、数据处理及试验结果报告

1. 分析数据的处理

石油产品分析所得实验数据是否可靠，可通过对精密度(即重复性和再现性)的分析来判断。如果两次测定结果之差小于或等于 95% 置信水平下的 r 值和 R 值，则认为两个测定结果可靠，数据有效，可将其平均值作为测定的结果。如果两次测定结果之差大于 95% 置信水平下的 r 值和 R 值，则两个数据均可疑，此时，至少要取得 3 个以上结果(包括先前两个结果)，然后计算最分散结果和其余结果的平均值之差，将其差值与方法的精密度相比较，如果差值超出，则应舍弃最分散的结果，再重复上述方法，直至得到一组可接受的结果为止。

例如，在沥青软化点测定中，采用 GB/T 4507—1999 标准方法，其重复性要求如下：同一操作者，对同一样品重复测定两个结果之差不大于 1.2℃。如果两次测定结果分别为 116.8℃和 115.7℃，则数据处理如下。

两次结果的最大差值为：

$$116.8℃ - 115.7℃ = 1.1℃ < 1.2℃$$

则这两次测定数据符合精密度要求，数据有效。其分析结果为：

$$\frac{116.8℃ + 115.7℃}{2} = 116.25℃$$

又如，对道路石油沥青的针入度测定中，采用 GB/T 4509—1998 标准方法，140 号道路石油沥青的针入度在110～150(1/10mm)范围内，允许误差为最大值与最小值的差值不超过4(1/10mm)。若5次的平行测定结果为125、124、126、127、127，则其数据处理如下。

最大差值为：

$$127-124=3<4(1/10\text{mm})$$

则此5个测定数据符合精密度要求，数据均有效，其分析结果应为：

$$\frac{125+124+126+127+127}{5}=125.8(1/10\text{mm})$$

2. 分析结果报告

在油品分析中，要求将准确的分析结果及时地反馈给生产单位和生产指挥人员，以便及时调整生产工艺，得到合格的石油产品及半成品。这就需要填写分析报告单，紧急情况下，可先用电话报告分析结果后送书面报告。分析报告单一般以图表或文字形式填写，并按规定要求清楚、完善、准确填写，报告单上不得涂改或臆造数据。

试验结果报告单一般应包括采样时间、地点、试样编号、试样名称、测定次数、完成测定时间、所用仪器型号、分析项目、分析结果、备注、分析人员、技术负责人签字、实验室所在单位盖章等。作为鉴定分析或仲裁分析，还应包括实验方法、标准要求及约定等。

第三节　化验室人员组织管理

化验室人员是化验室的核心。一个仪器设备齐全但却没有实验人员的化验室，只能称为仪器设备陈列室。只有配备了组合恰当的专业实验人员的化验室，才有可能完成企业生产所需要的检验工作。

一、化验室人员的资格和要求

由于化验室在社会发展中具有重要作用，化验室工作人员自然而然地必须具有必要的资格和条件。

1. 化验人员的基本条件

化验人员的基本条件是指对从事化验工作的人员的必备条件，包括文化、思想、业务素质和身体条件等方面的要求。

1）具有必要的文化素质

从事分析化验工作的人员，必须具有中等职业教育或相当于高中以上文化程度。

2）具备适应职业要求的思想素质

① 办事公正，实事求是，工作认真负责；

② 服从工作安排，并按要求完成规定的任务。

3）掌握化验检测业务的必要知识和操作技能

① 经过检验、测试专业技术培训，考核合格，获得相应操作技能等级资格证书；

② 熟悉所承担任务的技术标准，掌握操作规程，能独立进行分析化验操作，有严格的科学态度；

③ 能按操作规程正确使用仪器设备，进行日常维护保养；

④ 认真填写原始记录，会运用常用数理统计工具，具有必要的数据分析能力，能出具正确的检验报告。

4）具备适应化验职业工作的身体条件

① 身体健康，能够胜任日常分析化验工作；

② 无色盲、色弱、高度近视等可能影响分析化验工作的进行及检验准确度的眼疾；

③ 无与准确检验、测试工作要求不相适应的其他疾病或者身体缺陷。

为了满足社会进步和生产发展的需要，化验人员还应具有不断提高自身思想素质和业务技术水平的学习能力，以及勤奋学习、努力钻研的进取精神。

2. 化验室管理人员的要求

化验室（组）负责人应由具有比化验人员更高的思想素质，热爱化验室工作，从事化验工作 3 年以上的技术人员或从事化验工作 5 年以上的化验员（分析工）担任，并要求具备以下条件。

1）具有从事管理工作的必要的思想素质

① 具有较强的法制观念，能自觉执行国家政策、法令，遵纪守法、不谋私利；

② 在职业操守方面，克己奉公，谦虚谨慎，实事求是，忠于职守。

2）熟悉化验检测和管理业务

① 有一定的组织、协调能力，善于发现和发挥组织成员的积极因素、注意组织团结，促进化验室进步和发展；

② 熟悉本化验室（组）承担的检验任务的技术标准，掌握检验业务。熟悉本室（组）使用的仪器设备的工作原理，会维护保养并能排除一般故障；

③ 具有相应的安全知识，能够预防和紧急处理突然发生的安全事故，确保化验室工作安全进行；

④ 有一般的质量管理和产品生产的知识，能及时处理和协调生产过程中发生的与本室（组）检验业务有关的问题。

3）具有积极进取的敬业精神

① 善于学习，勇于实践，努力学习新技术、新知识，注意提高自身业务能力；

② 不断学习并接受先进管理知识并予以运用，提高管理水平，作为化验室的主要管理人员，还需要积极为化验人员创造良好的工作环境。

其他相关管理人员可以参照选配。

二、化验室人员构成

和所有的组织一样，化验室人员必须具有一定的组织结构。

1. 专业结构

化验室是生产企业（或其他产业部门）的高科技部门，随着中国经济发展和国外先进技术的引进，越来越多的具有世界先进水平的实验技术、仪器装备，也将毫不例外地同时进入国门，并逐渐进入相关的化验室。这些国内外高精尖的技术、仪器设备，是多种学科相互渗透和各种专业技术综合的结晶，它们要求使用者必须在相关学科知识的深度和广度都具有较高的程度，才能正确地运用和发挥其运行效能。出于历史的原因，中国相当数量企业的化验室人员对先进的化验科学技术乃至相关学科的知识知之不多，对中国化验室的发展和经济建设带来很大障碍。

现代企业化验室的管理，也要求各级化验室管理人员在对化验室实施科学管理的同时，必须推动化验室在技术上不断进步，理所当然地要求他们必须具备相应的先进的化验和相关科学技术知识。

化验室人员的专业结构向多专业和综合技能转化，是顺应世界科学技术发展的必然趋势，在化验人员的选配工作上必须充分注意。

2. 能级结构

能级结构又称为“技术级别组合”。一般地，化验室中的高级职称、中级职称和初级职称专业技术人员，以及不同技能级别的化验技师、化验工，从高到低、从少到多、自上而下，呈“金字塔”形组合。

通常情况下，直接受企业首长领导的“总检验师”由高级职称专业人员(或资深的中级职称专业人员)担任，领导企业一级的化验室工作。其下各级管理人员和工作人员，则分别配备相应职称技术人员或各种技能等级的分析工进行日常工作。

生产车间的化验室和岗位化验人员，可以参照企业化验室降低要求进行人员的安排。

3. 年龄结构

考虑化验工作技能、管理工作能力及工作经验，并结合青年人的灵敏性等因素，同时考虑到有利于不同年龄组人员的自然更替等问题，化验室第一线人员一般应尽可能安排青年人或年龄较小的人员，而管理层人员的年龄则可稍大一些。

4. 人数

产品质量最稳定的欧美发达国家，生产企业的检验人员多数占职工总数的10%～15%，少数占7%～8%。日本因特别强调生产人员素质，并大力开展自检以及工序控制稳定，专职检验人员一般仅占企业职工总数的1%～2%，最多也不超过7%～8%，但若把日本工人自检的用工工时数折算合并，则实际进行检验的工时数占有比例远超过10%。

中国目前的情况是：多数企业的第一线检验人员约占职工总数的2%～10%，技术要求较高的企业可能达到职工总数的10%。就数量而言差距并不大，但从中国企业人员的素质普遍偏低的实际情况考虑，则明显地显得检验力量不足，在强化质量检验工作的时候应予以加强。

化验室人员的配备是发挥化验室效能的重要组织保证，必须认真对待。

三、化验室人员组织管理的任务

1. 化验室人员组织管理的意义

在化验室工作的诸多因素之中，人员是最活跃的因素。掌握知识和技能的人，既可以使化验室活跃起来，也可能使化验室处于“沉寂”。因此化验室组织管理工作千头万绪，最主要的还是人员的组织管理，人员的组织管理工作做好了，化验室的各项管理就有了好的基础，化验室就有可能在企业的生产和科研开发工作中重复发挥作用。反之，就会出现各种弊端，不能发挥化验室的功能，甚至毫无效率。

对化验室人员进行组织管理，必须认识人的组织是提高组织效率的根本保证，组织效率的实质是人的效率。

因此，通过有效的管理，组织起一批符合要求的人，并充分发挥他们的创新能力，不断提高人员的思想认识水平和专业技能，通过各种方式的培训，实现化验室人员的知识更新，以满足科学技术进步的要求，是当今培养和建设一支具有较丰富的专业技术知识，又有较强应变能力的实验技术队伍的重要途径，也是化验室建设和管理的一项十分重要的战略任务。

2. 化验室人员组织管理的任务和基本职能

1）化验室人员组织管理的任务

积极培养和建设一支掌握化验室技术和管理的人员队伍，提高他们的思想政治觉悟和业务技术水平，使这支队伍不断壮大成长，人员的积极性和创造性得到充分的发挥，从而对企业的生产管理、技术管理、质量管理以及产品开发、更新换代做出应有的贡献。

2）化验室人员组织管理的基本职能

(1) 领导　对组织实施正确、科学的领导。通过决策、规划以及为实现组织目标对工作人员的激励和必要的指挥，以调动群众的积极性、带领化验室人员为共同目标而奋斗。

(2) 组织　根据组织目标对相关的人与事物进行有效的组合，以发挥各自和整体的最大效能，为化验室建设一支有“战斗力”的科学技术队伍。

(3) 协调　为实现组织目标，采取适当的方法和措施，进行组织和人员的统筹、协调，使各相关因素恰当地配合，从而充分发挥组织和个人的作用。

四、化验室人员组织管理的内容

化验室人员组织管理的内容主要有以下 6 个方面。

1. 规划和编制的制订

规划和编制是培养、选拔实验人员、组织和建设实验队伍的依据，是实验队伍管理的首要环节。制订规划和编制必须根据企业的发展和化验室的目标与发展等因素综合考虑。

2. 实验人员的选配和任用

根据组织规划选配和任用实验人员队伍，是实验人员组织管理的重要工作。

正确选拔和配备实验人员是实验人员发挥作用的前提，恰当的任用则是实验队伍管理的核心，对于建设和保持实验队伍的最佳结构、提高实验队伍素质并保持其旺盛的生命力、充分调动实验人员的工作积极性、最大限度地发挥人员的作用，具有举足轻重的意义。

在选拔人才的时候还需注意，具有相关知识的人员应予优先，而且知识面的广度和深度也应在考虑之列。

3. 培养与提高

现今社会的科学技术发展迅猛，实验人员必须不断地学习提高，进行知识更新和积累，才能适应社会发展的要求。适时地组织化验人员进行学习培训，可以有效地促使化验队伍技术素质的提高。

4. 考核

考核是实验人员队伍组织管理的重要内容，通过考核可以达到以下目的。

(1) 鉴别人才　根据考核，对相关人才进行调整或晋升，可以更合理、更恰当地使用人才。

(2) 促进个人学习　考核可以使人们发现自己的不足，促进个人学习，从而有利于实验队伍素质的提高。

(3) 适应市场经济的分配原则要求。

(4) 便于实施适当的奖惩。

5. 调整

根据企业不同时期的工作目标，进行实验队伍的调整，以适应企业产品质量控制和生产发展的要求，并保持实验队伍的工作效能，是实验人员组织管理的经常性工作。

对由于客观因素而不适应化验工作的人员的调整，必须注意做好工作，避免消极因素的影响。

6. 思想教育

思想素质是队伍素质的根本，思想教育对于提高实验人员队伍素质具有根本性的重要意义。通过对实验人员的思想教育，以激发、鼓励实验人员的积极性和自觉性，加速实验队伍的自身建设，对实验人员队伍的健康成长、实现化验室工作目标具有促进作用。

综上所述，化验室人员组织管理工作可以归纳为：专业技术队伍的建立；组织结构的合理化；部门和人员职责的确定、相应责任制度的建立；人员的使用、培养和考核制度的建立和健全，最终使化验室的实验技术和管理队伍不断充实、提高，不断自我完善。

五、化验室岗位责任制

1. 实行岗位责任制的意义

岗位责任制是组织管理科学化的重要管理措施，是提高组织效率的根本途径。

化验室实行岗位责任制，一方面使化验室组织管理科学化，另一方面也给化验室人员工作质量、工作效率的检查、考核提供依据。因此，建立化验室岗位责任制是化验室组织与管理的一个很重要的管理步骤。

2. 岗位责任制的构成

岗位责任制是一种管理制度，是对各级各类组织的工作岗位上的工作人员应该具备的任职条件，每个工作人员的职责、任务、权限、完成任务的标准，以及履行岗位责任效果的考核、奖惩等作出明确的规定。

岗位责任制可以分为部门和个人的两种岗位责任制度。个人岗位责任制又分为部门的“首长”岗位责任制和一般工作人员岗位责任制。它们之间的关系是：一般工作人员的岗位责任制是基础，“首长”岗位责任制是主导，部门岗位责任制是部门内所有人员岗位责任制的综合表现。

由于部门(组织)的建立有其既定目标(某项任务)，即已有明确的责任。因此，所谓“制订岗位责任制”一般是指个人岗位责任制。就其本质而言，个人岗位责任制是部门岗位责任制的分解，使不同岗位的工作人员担负起不同的责任，当部门内所有人员都完成了个人岗位责任制规定的工作任务以后，则部门的任务也就得以完成。

3. 制订岗位责任制的基本原则

(1) 职、责、权的统一。无论什么岗位，有职就有责，而要完成其职责，则需要有相应的“权”。即使是最基层的工作人员，在其没有违反规章制度的情况下，任何人都不能够任意干预其正常工作，否则谁也无法完成职责规定的工作任务。

(2) 岗位责任制与考核制、奖惩制统一。岗位责任制一经制订，就必须执行。然而，谁尽职尽责，谁玩忽职守，必须进行考核，因此在制订岗位责任制的同时，需要同时制订考核制度和奖惩制度。

在对工作人员的考核中，德、能、勤、绩几项应以考“绩”为重点，并且重在平时工作业绩。考核方法应尽量采用定量的综合评价，在考核的同时应配合以奖为主、以惩为辅的奖惩制度，奖励进步，惩戒错误，以形成争当先进、奋发向上的风气，促进部门任务的完成和超额完成。

(3) 条文精炼、简洁、准确。岗位责任制的条文应精炼、简洁、准确，切忌拖泥带水、模棱两可。

第四节 化验室的要求

一、化验室的建筑要求

搞好化验室的规划和建设，是顺利实施油品化验，发挥化验室职能作用的前提。

（一）化验室对环境的要求

为了实现化验室的职能，化验室必须配备各种精密的计量、测试仪器和装备、各种化学药剂、实验器材，还有电子计算机等现代技术设施。这些仪器、设备和相关装置，对环境都有相当严格的要求，如果条件不合适，即使是最先进的仪器和检测方法、再熟练的检验操作者，也不可能取得准确可靠的检验结果，甚至可能导致实验仪器损坏或其他器材、物资的过度消耗，造成经济损失。

基于检验属于精细工作，需要避免外界干扰和人员在工作中需要进行计算和思考等因素，一个好的化验室，应该使化验室内的各种仪器、装置、药剂等免受阳光、温度、潮湿、粉尘、烟雾、振动、磁场、EU 场的影响以及有害气体的侵蚀，加上一个安静的工作环境，才能保证检验工作的顺利进行，并获得足够的精确度，发挥化验工作的实际作用。此外，还应注意化验室对环境的影响，避免对环境产生污染和破坏。

（二）建筑要求

油料化验室的建筑不仅要有良好的平面设计，满足功能上的需要，还必须考虑适用、美观大方的要求。建筑面积根据担负的工作任务及职能而定。

油品化验室与油库其他设施的距离应符合防火防爆要求，并远离震源（如公路、铁路等）和烟囱，减少灰尘的侵袭和震动的影响；房屋结构应防震、防火、防尘、防潮、隔热、采光充足。

（三）室内设置

油品化验室一般应设有：操作间、天平间、试剂间、办公室、器材间等。操作间应设有试验台，台高一般为 800mm，台宽为 650～750mm，长度根据平面布置情况而定。中央试验台设试剂架，并装有水龙头和电源插座，试验台两端设有水槽，台下设置仪器柜。台面材料应耐用、不易腐蚀，一般用木板刷耐酸漆或水泥台面铺瓷砖，或贴环氧树脂面板，也可用水磨石台面，但最好加铺一层耐油橡胶板或塑料垫。

化验室室内色彩以淡雅为佳，营造一种追求知识的氛围和适于科研的工作环境，要求为浅黄色的墙面、浅绿色的门窗、乳白色的试验台柜面，或乳白色的墙面、淡黄色的门窗和试验台柜面。

化验室的地面应当耐酸、耐火，易进行局部更换，易洗刷，并且摩擦阻力大。可采用水泥、水磨石地面，或用防酸陶瓷板铺地。精密仪器室为减少灰尘，可采用嵌木地板，墙面涂刷油漆或贴塑料壁纸。

为将油品化验操作中产生的各种有毒、有腐蚀性或易爆气体及时排出室外，化验室须设有良好的通风装置。目前采用全室通风和设置通风柜（烟橱）两种方式，前者是在墙上安装排风扇进行室内换气，通风柜（烟橱）是化验室常用的局部通风设备。单个通风柜一般长 1500～1800mm，深 800～850mm，空间高度大于 1500mm。前门及两侧安装玻璃，前门可开启，内有照明、加热源、水、气源等。排气管最好使用防火金属材料制做，排风扇应设有减少震动和噪声的装置。

天平间应设在化验室北面，采用双层窗户避开震源和热源。天平台面要求光滑平整，一般采用水磨石或大理石，台宽 650～700mm，高 800mm。室温应保持恒定在 20℃ ±2℃，相对湿度以 60%～70% 为宜。

（四）必备条件

为保证化验操作的顺利进行，做好安全防护，化验室应具备良好的水、电、照明和通风条件。

1. 化验室的供水与排水

化验室的水源除用于洗涤外，还用于抽滤、蒸馏冷却等，所以水槽上应多安装几种水龙头，如普通水龙头、尖嘴水龙头、高位水龙头等。水槽的下水管一定要安装水封管，下水管的水平段倾斜度要稍大些，以免管内积水。每个化验室应设地漏，以减少跑水事故的危害。化验室废水要妥善处理，避免造成环境污染。

2. 化验室的用电

化验室的电源功率应根据用电总负荷设计，设计要留有余量，进户线采用三相电源。

化验室电源分照明用电和设备用电。设备用电中，对 24 h 运行的电路，如电冰箱，要单独供电，其余电路设备均由总开关控制，电烘箱、高温电炉等电器设备应有专用开关。每个工作间都应装有适量的单相和三相标准插座。零线和地线要分开，精密仪器要单设地线，以保证仪器的正常运转。

3. 化验室的温湿度

化验室温湿度要适宜。室内的温度、湿度、气流速度变化，都可能对测定结果产生影响，不同季节有不同的要求。夏季的适宜温度为 18 ~ 28℃，冬季为 16 ~ 20℃。适宜的湿度为 30% ~70%，冬季不低于 30%，夏季不高于 70%。精密贵重仪器要求更加严格。

此外，化验室采光应合理利用自然光，室内应保持良好的通风。精密仪器室如有条件可安装空调，用以换风和调温，保证仪器在最佳条件下工作。

二、化验室的安全操作要求

严格试验操作程序，是做好试验的关键，因此要认真落实如下规定：

(1) 实验室内保持整洁，试验台上不准放置与试验无关物品。试验期间，应穿好工作服，严禁吸烟、饮食、嬉笑打闹。

(2) 试验前，须掌握试验原理，熟悉试验步骤以及注意事项，认真检查仪器设备是否完好、计量器具和标准溶液是否超期。

(3) 试验时，要集中精力，不准擅离职守；严格控制试验条件，出现异常现象要认真查找原因，发现故障及时排除。原始记录应字迹清楚、取值准确、结论明确。

(4) 试验结束后，熄灭火种，清洗玻璃仪器，整理仪器设备，并闭水、电、气源和门窗。

(5) 油样应按规定期限保存；废油、废酸、废碱应分别存放，严禁乱倒。

三、化验室的安全要求

化验人员必须高度重视安全工作，严格遵守操作规程，杜绝事故发生。万一发生事故，要沉着、冷静，积极采取措施，避免事故扩大。

(1) 要熟悉仪器、设备的性能和使用方法，按规定要求进行操作。在作未知物料或性能不明的试验时，应从小量开始，并采取一定的防护措施。

(2) 凡能产生刺激性、腐蚀性、有毒或恶臭气体的操作，必须在通风柜中进行。

(3) 所有剧毒药品，要严格管理，小心使用，切勿触及伤口或误入口内。操作结束后，必须仔细洗手。

(4) 加热易燃试剂时，必须用水浴、油浴、砂浴，或用电热套，绝不能使用明火。如果加热温度有可能达到被加热物质的沸点，则必须加入沸石，以防爆沸。

(5) 凡盛装过强腐蚀性、易爆或有毒药品的容器，应由操作者及时、亲自洗净。盛装过浓硫酸的瓶子，如需再用，一般不要清洗。

（6）稀释硫酸时，必须在烧杯、锥形瓶等烧器类容器内进行，必须将硫酸沿玻棒慢慢导入水中(**绝不能将水倒入硫酸中!**)，要边倒加边搅拌，发现温度过高，应等降温冷却后再继续稀释。

（7）要严格遵守安全用电规程。

（8）下班前要检查水、电、煤气、门、窗，确保安全。

（9）化验室要配备适宜的消防器材。化验人员要会使用这些消防器材，并掌握一定的灭火知识。

第二章　油品化验室危害因素与环境因素

第一节　油品的危害

一、油品蒸发性的危害

液体表面的汽化现象叫蒸发。由于构成物质的分子总是不停地做无规则运动的原因，处在液体表面运动着的分子就会克服分子间的吸引力，逸出液面，变为气体状态。这种蒸发现象尤其是轻质石油产品更为显著。常温常压下1kg汽油大约可以蒸发为0.4 m^3的汽油蒸气，煤油和柴油在常温常压下蒸发得缓慢些，润滑油蒸发得更慢。油品蒸发性的大小，常用饱和蒸气压和馏程来表示。一般地，饱和蒸气压大和馏分轻的油品容易挥发，且挥发出来的油蒸气能迅速与空气混合，形成可燃气体。由于蒸发出来的油气相对密度较大，一般在1.59～4之间，其油蒸气常常在油品化验室弥漫、任意飘散或在低洼处积聚，一旦接触火源就会立即引起燃烧或爆炸。

因此，石油产品的易蒸发性要求储存试样的容器必须密封，防止泄漏。

二、油品流动性的危害

任何液体都有黏度，油品的黏度是表示油品流动性的指标。各种石油产品的流动性是不同的，一般轻质油的黏度小，流动也快；重质油的黏度大，流动也慢。油品的流动性与温度也有关，温度升高，黏度下降，流动性好；反之，温度降低，黏度升高，油品易凝固。

油品的这种流动性使得油品的扩散能力大大增强，所以，易发生溢油和漏油事故，同时也易沿着地面或设备流淌扩散，增大了火灾危险性，也易使火势范围扩大，增加了灭火难度和火灾损失。因此，储存石油产品试样的容器必须密封良好，防止渗漏。

三、油品热膨胀性的危害

物质具有热胀冷缩的特性，称为膨胀性。膨胀性表现为物质的体积随着温度的升高或降低产生膨胀或缩小。石油产品的体积是随着温度的增高而膨胀的，油品的膨胀性与体积、温度有关。一般而言，油品越轻，膨胀系数越大，如汽油通常每增加37.8℃，其体积膨胀6%，体积膨胀的同时，蒸气压增高。所以，储存汽油的密封油样如果靠近高温或日光曝晒，受热膨胀，试验容器内压力增加，会造成容器的膨胀；另一方面，当容器内加入热油后冷却时，又会造成油品体积收缩，使试样容器内受负压，造成漏油或冒油现象，如遇明火，则会发生火灾事故。

石油及其产品的膨胀性要求在储存油品试样时，在储油容器中应留出一定的剩余空间，以适应这种特性的要求。

四、油品带电性的危害

油品及其蒸气都是绝缘体，电导率一般都较低，当油料取样、转移时，油品与管线、试样容器等壁面以及油流与空气相摩擦或冲击均能产生静电。在静电电位高于4 V时，发生的静电火花达到石油产品蒸气的点火能量(油气最小点火能量为0.25 mJ)，就足以使石油产品产生蒸气着火、爆炸。

静电的危害主要是静电放电。油品集聚静电荷量的多少与下列因素有关：

（1）油品带电与储油容器或输油管内壁粗糙程度成正比。即内壁愈粗糙，油品带电愈多。

（2）空气的相对湿度（大气中所含水蒸气量）愈大，产生静电荷愈少。

（3）油品在管路中流动速度愈快，流动时间愈长，产生的静电荷就愈多。

（4）油品温度愈高，产生静电荷愈多，但是柴油的特性相反，温度愈低，产生的静电荷愈多。

（5）油品中含有杂质，或油与水混合，或不同的油品相混合时，静电荷显著增加。

（6）用绝缘材料制成的容器和油管（如帆布管，塑料桶等）比用导电的金属制成的容器、管路产生的静电荷多。

（7）导电率低的油品比导电率高的油品产生静电荷多。

为了防止静电电荷积聚产生较高的静电电位，化验室的储、输油设备，都要按照有关规定，设置良好的静电消除装置，油品在转移过程中，防止油料喷溅、冲击，尽量减少静电产生。

五、油品易燃性的危害

油品的组分主要是碳氢化合物及其衍生物，是可燃性有机物质。其中许多油品的闪点较低，同燃点很接近，不需要很高温度，甚至在常温下蒸发速度也很快。由于在油品化验过程中，不可能是全封闭的，导致油蒸气大量积聚和飘移，存在于有大量助燃物的空气中，氧气供给充分且难以控制，只要有足够的点火能量，很容易发生燃烧。

油品的燃烧速度很快，尤其是轻质油品，汽油的燃烧线速度最大可达 5m/min，质量速度最大可达 221kg/（m^2·h），水平传播速度也很大，即使在封闭的储油容器内，火焰水平传播速度可达 2～4 m/s。因此，油品一旦发生燃烧，氧气供给难以控制，很容易造成更大的危险。

石油产品的易燃性是以物质的闪点高低来评定，石油产品的火灾危险性按闪点划分为甲、乙、丙三类，乙、丙又分为 A、B 两个档次，见表 2－1。

表 2－1　石油产品的火灾危险性分类

类别		油品闪点 F_t/℃	举例
甲		$F_t<28$	原油、汽油
乙	A	$28\leqslant F_t\leqslant 45$	喷气燃料
	B	$45<F_t<60$	轻柴油、车用柴油
丙	A	$60\leqslant F_t\leqslant 120$	重柴油、20 号重油
	B	$F_t>120$	润滑油、100 号重油

油品化验室要注意对易燃石油产品的管理，配置合适的消防器材。

六、油品易爆性的危害

爆炸是一种破坏性极大的物理化学现象。石油产品蒸气与空气组成混合气体达到一定的比例时，碰到很小能量的引爆源，也易发生爆炸。

油品的爆炸浓度下限很低，尤其是轻质油品，油蒸气易积聚飘移，波及范围大，浓度在爆炸极限范围内的可能性大。引爆能量仅为 0.2mJ，而化验室中的绝大多数引爆源都具有足够的能量来引爆油气混合物。

油品的易燃性也决定了燃烧与爆炸的转变过程，当空气中的油气浓度在爆炸极限范围以内时，与火源接触随即会发生爆炸；如果油蒸气能够不断地补充，就创造了继续燃烧的条件，即爆炸转为燃烧，容器内油品蒸汽浓度高出爆炸极限盼上限时，遇有火源，则先燃烧；当油蒸气稀释到爆炸极限范围内时，便转为爆炸，即燃烧转为爆炸。

油品的易爆性还由于油气所需的引爆能量小，化验室中的各类引爆源：明火、散热设备的表面高温、电气设备点火源等等，均能引爆油气混合物。

石油产品的爆炸极限除用油品气体浓度表示外，也可以用油品的温度来表示，因为液体的蒸气浓度是在一定的温度下形成的。因此，液体的爆炸浓度极限就体现着一定的温度极限。因此，将能形成与爆炸极限相应蒸气浓度的温度叫做爆炸温度极限。爆炸温度极限也有上限和下限。所谓爆炸温度下限，是指液体由于蒸发而形成最低的爆炸蒸气浓度时的温度。所谓爆炸温度上限是指液体内部蒸发而生成最高的爆炸蒸气浓度时的温度，对部分石油产品的爆炸温度极限列于表 2－2 中。

表 2－2　几种主要油料蒸气爆炸温度极限

品　名	爆炸温度极限/℃	
	下限	上限
车用汽油	－38	－8
航空汽油	－39	－4
喷气燃料	40	86
苯	－14	19

爆炸温度的下限与爆炸温度上限的范围愈大，发生爆炸的机会也就愈多。从表 2－2 可以看出，汽油罐在冬天比夏天爆炸的危险性大，因为汽油爆炸温度上限为－8 ℃，下限为－38℃，这个爆炸温度范围在冬天是时常出现的。在夏天时，因气温高出爆炸温度上限很多，油蒸气在空气中的含量超过爆炸浓度。因此，在夏天易发生燃烧，而不易发生爆炸。

七、油品毒性的危害

石油产品及其蒸气都具有毒性，一般属于刺激型、麻醉型或腐蚀型的低毒或中等毒性的物质。

石油的毒性，因其由碳和氢两种元素结合组成的烃的类型不同而不同。不饱和烃、芳香烃就比烷烃的毒害性大。易蒸发的石油比不易蒸发的石油危害性大。轻质油品特别是汽油中含有不少芳香烃和不饱和烃，而且蒸发性又很强，因而它的危害性也就大一些。石油对人的毒害是通过人体的呼吸道、消化道和皮肤三个途径进入体内，造成人身中毒的。中毒程度与油蒸气浓度、作用时间长短有关。浓度小、时间短则轻；反之则重。含有四乙铅的车用汽油，除上述毒害性外，还会由于铅能通过皮肤、食道、呼吸道进入人体，使人发生铅中毒。

油品化验过程中，人体防护不可能全封闭，不可避免地会接触到油品、吸入油蒸气，引起急慢性中毒及职业病。因此，油品化验中应加强防毒劳动保护措施。防止中毒的主要措施是：

1. 尽量减小油品化验室内的油蒸气浓度

化验时使油品化验操作间室内空气对流，保持良好通风，并酌情装配通风装置；室内的储油容器密封良好，发现泄漏及时处理，减少油蒸气外逸；进行操作时应严格遵守安全操作规程，尽量避免洒漏石油产品等。

2. 避免与油品直接接触

化验操作人员在油品化验室要穿戴配发的劳动保护用品（工作服、帽子、手套等）。下班后也不要把穿戴的劳动保护用品带入食堂、宿舍。不要用汽油洗手、洗工具和衣服。当手上和衣服上溅上含铅汽油后，应及时用温水和肥皂清洗。当含铅汽油溅入眼内时，应立即用淡盐水和蒸馏水冲洗。不要用口吸吮汽油。要养成良好的卫生习惯。坚持饭前漱口并用肥皂水洗脸、洗手。

第二节 化学试剂与常用仪器设备危害因素识别与控制

一、危险化学试剂的危害与控制

危险化学试剂是指受光、热、空气、水或撞击等外界因素的影响，可能引起燃烧、爆炸的化学试剂，或具有强腐蚀性、剧毒性试剂。常用危险化学试剂的危害性质可分为五类，表 2－3 列出了它们的分类、性质和安全要求。

表 2－3 危险化学试剂的分类、性质及安全要求

类 别	举 例	性 质	安全要求
1. 爆炸品	硝酸铵、苦味酸、三硝基甲苯	遇高热、摩擦、撞击等，引起剧烈化学反应，放出大量气体和热量，产生猛烈爆炸	存放于阴凉、低下处。轻拿轻放
2. 易燃品			
易燃液体	丙酮、乙醚、甲醇、乙醇、苯等有机溶剂	沸点低，易挥发，遇火则燃烧，甚至引起爆炸	存予阴凉处，远离热源。使用时注意通风，不得有明火
易燃固体	赤磷、硫、萘、硝化纤维	燃点低，受热、摩擦、撞击或遇氧化剂，可引起剧烈连续燃烧、爆炸	
易燃气体	氢、乙炔、甲烷	因撞击、受热引起燃烧。与空气按一定比例混合，则会爆炸	使用时注意通风。如为钢瓶气，不得在实验室存放
遇水燃烧品	钾、钠	遇水剧烈反应，产生可燃气体并放出热量，此反应热会引起燃烧	保存于煤油中，切勿与水接触
自燃物品	黄磷、硝化纤维	在适当温度下被空气氧化、放热，达到燃点则引起自燃	保存于水中
3. 氧化剂	硝酸钾、氯酸钾、过氧化氢、过氧化钠、高锰酸钾	具有强氧化性，遇酸、受热、与有机物、易燃品、还原剂等混合时，因反应引起燃烧或爆炸	不得与易燃品、爆炸品一起存放
4. 剧毒品	氢化钾、三氧化二砷、升汞、氯化钡、六六六	剧毒，少量侵入人体引起中毒，甚至死亡	专人保管，现用现领，用后的剩余量，不论是固体或是液体都应交回保管人，并有使用登记
5. 腐蚀性药品	强酸、氟化氢、强碱、溴、酚	具有强腐蚀性，触及物品造成腐蚀、破坏，触及人体皮肤，引起化学烧伤	不要与氧化剂、易燃品、爆炸品放在一起

二、电热设备危害因素与控制

化验室常用的电热设备有电炉、电热套、电热板、高温炉、烘箱、恒温水浴以及各种试验仪器等。电热设备使用过程中可能发生的危害有触电、烫伤、烧伤及引起火灾等。因此，使用这些电热设备时，应严格遵守其各自安全要求，以控制其危害的发生。

1. 电炉

电炉是最常用的电热源，结构简单，有不同的功率，化验室用1~2kW的为宜。

使用中注意事项：

（1）电炉电源最好用电闸控制，不要只靠插销，功率较大的电炉尤为重要。

（2）电炉不要放在木质、塑料等可燃的实验台上，以免因长时间加热而烤坏台面，甚至引起火灾，应放在水泥台上，或垫上足够的隔热层。

（3）如加热的是玻璃容器，一定要垫上石棉网；如为金属容器，切记不要触及炉丝。最好是在断电的情况下取放待加热容器。

（4）炉盘内的凹槽要保持清洁，及时清除污物(**先断电**!)，以保持炉丝散热良好，延长使用寿命。

（5）更换炉丝时，新炉丝的功率要与原来的相同。安装时炉盘下的连接导线一定要套上绝缘瓷管，以免发生事故。

2. 高温炉

常用的高温电炉是马弗炉，一般温度可达900~1100 ℃(因加热源不同)，常用于金属熔融、有机物灰化及重量分析等工作。

高温炉都有配套的自动控温仪，用来设定、控制、测量炉内的温度。

使用注意事项；

（1）马弗炉要放置在牢固的水泥台面上，周围不要存放化学试剂，更不可有易燃易爆品。

（2）高温炉要有专用电闸控制电源。

（3）新炉应第一次加热时，温度要多次逐段调节，缓慢升高。

（4）在炉内熔融或灼烧试样时，必须严格控制升温速度和最高炉温，以免样品飞溅，腐蚀和粘结炉膛。如灼烧有机物、滤纸等，必须预先灰化。

（5）炉膛内最好衬上洁净、平整的耐火材料薄板，以免偶然发生溅失时损坏炉壁。

（6）用完后要先断电，待温度降至200℃以下后，才能打开炉门。

3. 电热恒温箱

电热恒温箱也叫烘箱、干燥箱，最高温度可达250℃，常用80~150℃。

使用注意事项：

（1）安装前要检查烘箱的额定电压与电源电压是否相符。有的烘箱有电压选择插座(或开关)，可根据电源电压更换。烘箱也应有独立的电闸。

（2）烘箱温度控制表盘上的数字，比较粗略，常与实际温度不符，使用前应检查并加以校正。为此，接通电源后，打开排气孔，插上水银温度计，将加热开关拨至2档，选定几个常用的温度值(如80℃、105℃、110℃、120℃、150℃等)，每当温度升至选定值时，调节控温旋钮，使自动控温指示灯恰能亮、灭交替变化(叫做断接点)，记录此时的温度与表盘上的刻度值。如此一一对应，测定各需要温度值所对应的表盘刻度值，作成校正表。以后使用时，就可以校正表为准，按要求的温度直接调节控温旋钮。

(3) 加热开关的 3、4 档，不受自动控温系统控制，一般不常使用。如需快速升温，可先拨至 3 档，停 5min 后，再拨至 4 档；当温度达到所需值时，应立即拨回 2 或 1 档，并调节控温旋钮恰至断接点，以保持恒温。当拨在 3 或 4 档时，工作人员不得离开，要随时监测升温情况，以免温度过高，烧坏样品，甚至引起其他事故。

(4) 待烘干的试剂、样品等，应放在相应的器皿中，如称量瓶、广口瓶、培养皿等，打开盖子，一起放到搪瓷托盘中，再放入烘箱。需烘干的仪器，必须洗净并控尽水后，才能放入烘箱。

试剂和仪器含水不同，烘干温度也往往不同，最好不要同时烘，否则可能延长烘干时间，甚至引起样品变化。

(5) 不可烘烤易燃、易爆、有腐蚀性的物品。如必需烘干滤纸、脱脂棉等纤维类的物品，则应该严格控制温度，以免烘坏物品或引起事故。

(6) 欲观察箱内情况时，只打开外层箱门即可，不要打开内层玻璃门。

(7) 烘完后，应先将加热开关拨至 0 档，再拉开电源，关闭排气孔。

4. 电热恒温水浴

电热恒温水浴用于温度不太高的恒温实验，也可用来加热易挥发、易燃的有机溶剂。使用注意事项如下：

(1) 使用前要先向水箱内加入足够量的水（最好是蒸馏水）。使用中箱内绝不可缺水，以免烧坏加热件。

(2) 接通电源、打开开关后，从开始加热到自动控温前，加热指示灯应一直亮着。当达到所需温度时，调节控温旋钮，使指示灯恰能亮、灭交替变化，则可在此温度值保持恒温。

(3) 勿将水溅到电器盒里，以免引起漏电，甚至损坏电器部件。

(4) 水箱内要保持清洁，定期刷洗。水要经常更换。如较长时间不用，应将水排尽，将箱内擦干，以免生锈。

三、制冷设备危害因素与控制

化验室常用的制冷设备有电冰箱和空气调节器。使用制冷设备中，可能产生的危害主要有触电、冻伤，以及电源故障引起的火灾等。使用中应严格遵守其安全操作要求和安装要求，对其危害加以控制。

1. 电冰箱

在化验室中，电冰箱主要用来存放需要低温保存的样品、试剂，制造实验所需的少量冰块。

电冰箱是通过制冷系统，利用制冷剂制冷的。制冷系统是由压缩机、冷凝器、蒸发器等构成的密闭系统。制冷剂常用氟里昂 -12（CCl_2F_2），常压下，其沸点为 -280℃，但在高压下，室温时就能液化。液化时放热，气化时吸热。压缩机将气态制冷剂压缩成高压气，并用泵输入冷凝器（冰箱背后的黑色排管），靠周围空气将其冷至室温而凝结成液体。液态制冷剂在压缩机驱动下进入蒸发器（冷冻室顶部），由于体积突然变大，压力骤然降低，制冷剂就迅速气化，同时吸收冰箱内的热量，使箱内降温。气化后的制冷剂再次被压缩，送至箱外冷凝器，放热并液化。如此循环，连续工作，就可使箱内保持低温。

使用注意事项：

(1) 搬动冰箱时，倾斜度不得超过 45°。放置地点要干燥、空气流通。放置要水平、稳定，离墙不少于 10cm，以保证空气对流，有效地冷却冷凝器。冰箱要远离热源，避免阳光直射。放好后可旋松压缩机的紧固螺栓，使减震垫能起到减震作用。

（2）冰箱要有独立的电源插座，电源线的容量必须大子5A，熔丝容量不得超过2～3A。

（3）新冰箱使用前要认真检查：通电后，开关箱门时，照明灯能自动开、闭，温度调节旋钮转动自如，化霜器按钮松紧适度。一切正常后，通电试运转半小时，如果冷冻室已经结霜，背后的冷凝器发热，表明运转正常。

（4）可根据需要调节箱内温度，但不可一次调动过大，应分次调节。

（5）冰箱内不准存放腐蚀性物品。如果存放少量用易挥发有机溶剂配制的溶液，必须严格密封，以免溶剂挥发，因开关箱门照明灯打火，引起燃烧、爆炸事故。

（6）冰箱要保持清洁，可用软布蘸洗衣粉水擦拭，再用干布擦净，绝不可用水冲洗或用有机溶剂擦洗。

2. 空气调节器

空气调节器可在小范围内调节温度，保持室内空气畅通。一般的空气调节器都有制冷、制热、滤清空气的功能。制冷原理与冰箱类似，制热是靠电热丝加热。

使用注意事项：

（1）应根据实验室的大小、对室温的要求等因素，选择空调器的规格；

（2）要仔细、认真地阅读说明书，按说明书规定的条件、要求进行安装使用；

（3）必须保证空调机散热部分处于空气流通的环境中，如为水冷式，必须保证供水量；

（4）搬运、安装、保养、检修时，不得将空调机倾斜45°以上。

第三节　化验室环境污染与处理

人们在科研、生产和生活过程中，不可避免地要产生一些废弃物，这些废弃物随意排入大气、水体或土壤中，将对自然环境产生一定的污染。当污染达到一定程度时，就会降低自然环境原有的功能和作用，进而直接或间接地对包括人类在内的其他生物产生严重影响或危害。通常人们将导致环境污染或造成生态环境破坏的物质称为环境污染物。环境污染物当前最主要的来源有：工业污染物（由工业生产所产生的废水、废气和废渣），农药（农业生产中使用的杀虫剂、除草剂、植物生长调节剂等），生活废弃物（粪便、垃圾、生活废水等），放射性污染物（核工业、医用和农用放射源等）。其中，实验性污染物常常混于生活废弃物之中排出，污染环境，因此必须防治实验性污染。

一、化验室的噪声危害与控制

1. 化验室噪声的主要来源

（1）室外噪声源　交通干线的车辆噪声，环境机器等产生的工业噪声等。

（2）室内噪声源　真空泵、压缩机、空调机、排风机等机械噪声，气流噪声及某些电气设备的磁场等电器噪声。

室内安装一台未加任何防振设施的窗式空调机，运行噪声可超过7dB（A），开两台空调机时噪声更大。

安装不合理的排风机，同样会给化验室带来强烈的噪声，给化验人员和工作造成不良影响。

2. 噪声的影响

（1）噪声对实验工作人员的影响　实验证明，长时间停留在大于60 dB（A）的噪声环境中的人员，可能出现头晕或者全身乏力等不良感觉，给工作带来不良影响(对精细工作的影响特别大)。经常在强烈噪声环境中工作，直接症状表现为健忘、乏力、耳鸣甚至失职；人的机体会受到严重损害：血压和脑颅内压升高、呼吸与脉搏加快、消化减缓，并出现脑细胞工作能力减弱、注意力不集中、精神紧张、情绪抑制，甚至造成视觉敏感性下降、破坏正常的色觉等神经系统。

(2) 噪声对仪器、材料的影响　高灵敏度仪器可因噪声引起的振动而不能正常工作，甚至损坏，一般仪器也可能缩短寿命。

3. 噪声的防治

根据国家标准《工业企业噪声控制规范》(GB1 87)，办公室、会议室、设计室、中心实验室(包括试验室、检验室、计量室)的室内最大允许噪声为60 dB(A)的标准，一般化学、生物及测试实验室，噪声宜控制在60dB(A)以下，对于超出60 dB(A)的实验室，必须进行噪声防治。

实验室噪声的常用防治措施主要是：

(1) 室外噪声源　通常在化验室选址及房屋设计的时候考虑。

(2) 室内噪声源　对室内噪声的整治，常用如下方法：

① 尽量选用低噪声设备，以减少噪声的发生和输出。

② 集中噪声设备，集中治理，限制噪声传播，便于控制。

③ 控制管道气流速度，一般要求在8m/s以内，要求高的可控制在5m/s下，以避免或削弱气流噪声的产生。

④ 使用消声器及综合治理。

试验结果表明：在排风机进风口与管道之间安装迷宫式消声静音箱，可以把排风机的噪声传递降低2dB(A)。若在消声器的内壁衬贴上吸声材料，则效果更佳。如果在排风机的进、出气口安装消声器减振器，还可以减少机房的自身噪声。

二、化验室的废弃物及处理

油品化验室是从事多种石油产品分析鉴定及实验研究的场所，在工作过程中，常常会产生有毒及有害的气体、废液(油)及废弃物(废渣)，特别是废液中可能会存在有腐蚀性、剧毒性以及致癌性物质，尽管其数量不大，但种类较多，且成分复杂，若不进行处理而直接排入下水管道中，将会损坏排水设施，污染环境，危害人身健康。因此，对化验室产生的废液必须通过有效的处理后才能排放。

(一) 废气及处理

1. 化验室废气的产生和特征

油品化验室的废气主要来源于油品及各种化学反应产生的蒸发，这些废气通常都具有危险性和危害性，如发臭、腐蚀性、燃烧性、爆炸性、毒害性等。不但对人员健康和安全产生不良影响，并可能影响仪器设备的精密度及使用寿命。

2. 废气的处理

废气处理，主要是对那些实验中产生的有危害健康和环境气体的处理，如油蒸气、汞、酚、氯化氢气体等。实际上，进行这一类的实验都是在通风橱内完成的，操作者只要做好防护工作就不会受到任何伤害。可是在实验过程中所产生的危害气体或蒸气，直接通过排风设备排到室外，这对少量的低浓度的有害气体是允许的。因为少量的危害气体在大气中通过稀释和扩散等作用，危害能力大大降低。但对于大量的高浓度的废气，在排出之前，必须进行预处理，使排放的废气达到国家规定的排放标准。

化验室对废气预处理常用的方法是吸收法。即根据被吸收气体组分的性质，选择合适的吸收剂(液)。例如，氯化氢气体可用氢氧化钠溶液吸收，二氧化硫等气体可用水吸收，氨可用水或酸吸收，溴、酚等均可被氢氧化钠溶液吸收，除吸收法外，常用的预处理方法还有吸附法、氧化法、分解法等。

（二）化验室废液的回收利用和处理

1. 化验室的废物的处理处置原则

根据环境保护的要求，化验室的废物对环境构成危害，必须加以处理。按照最新的环境保护观念，油品化验室的废物的处理处置应道循如下基本原则。

（1）回收利用　由于废物中实际上含有不少有用物质的环保新观念，废物应首先考虑回收利用，某些暂时无实际用途但可以用于处理其他废物的废物(以废治废)，应先予以储存待用。

（2）无毒害化　对于确实无利用价值的有毒害废物，可以来取“无毒害化”处理，以消除其毒害性，然后再行排放。

（3）低毒害化　某些无法完全消除其毒害性的废物其以毒害性最小的状态存在，然后再行排放。

（4）分类收集、储存，集中处理排放。

（5）废液的处理方法应简单易操作，处理效率高和投资小。

2. 化验室常见有毒害废弃物质的处理

1）废油的回收与利用

油品化验用过的废油，如闪点、蒸馏、黏度、腐蚀试验等试验用过的油品，通常没有外来污染物的进入，可以分类回收，分容器存放，然后集中进行处理、降质使用。对于酸度、酸值、游离有机酸、水分定量等试验用过的废油，由于成分复杂，不宜直接使用，应静置沉降、过滤后，除去水分杂质，然后进行更生处理。

2）废酸、废碱溶液的回收和处理

① 没有受到污染的废弃的酸、碱溶液回收作为新的试剂中使用。

② 受到污染或者没有必要再回收的废弃的酸、碱溶液，应集中储存于耐腐蚀的容器中，用于中和其他需要处理的废物，以消除(或降低)其毒害性。

③ 浓度很稀的废酸、碱溶液，可以简单中和后再用比较大量的清水稀释后排放。

④ 混合废液；调节废液的 pH 值为 3 ~ 4，加入铁粉，搅拌 30min，再用碱调节至 pH≈9，继续搅拌，加入高分子絮凝剂，清液即可排放，沉淀物按废渣处理。

⑤ 可燃性有机物的废液；用焚烧法处理，焚烧炉的设计要确保安全，保证充分燃烧，并设洗涤器，以除去燃烧后产生的有害气体如 SO_2、HCl、NO_2 等。不易燃烧的物质及低浓度的废液，用溶剂萃取法、吸附法及水解法进行处理。

3）废铬酸洗液的再生

① 废铬酸洗液经过浓缩、冷却后，缓缓加入高锰酸钾粉末(每升约 10 g)，边加边搅拌，加至 SO_3 出现，稍冷却，用砂芯漏斗滤去沉淀后即可再用。

② 浓度过稀的废洗液，一般不进行再生，可按相关项目处理。

4）汞的回收和处理

① 直径大于 1mm 的汞粒应尽量收集，可用小滴管、毛笔或在硝酸汞的酸性溶液中浸过

的薄铜片收集。最好用真空收集器（图 2－1）收集，其中汞净化器内装有经氯处理（或经 200g/L 的 Cu_2SO_4 和 400g/L 的 KI 溶液处理过的）活性炭，以吸收净化汞蒸气。

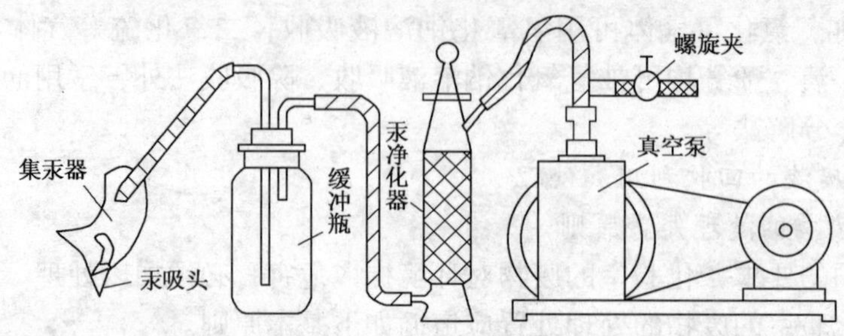

图 2－1　汞真空收集器

② 泼撒于地面形成微小颗粒而又无法收集的小微粒，应用 200g/L 的 $FeCl_3$、100g/L 的漂白粉水溶液喷洒。也可以用（1∶50）的稀硝酸清除汞微粒。

③ 吸附于其他表面的汞蒸气，可以用碘蒸法除去。一般按每 $10m^2$ 用 $0.02m^2$ 蒸发面的碘片自然升华（需关闭门窗）12h 以上。紧急处理时，按每 $1m^2$ 用 0.5g 碘，加热熏蒸。

④ 无适当药物时，可以用研细的硫黄粉覆盖，最后冲洗。

⑤ 敞口的盛汞容器，应加甘油覆盖，也可以用 50g/L 的 Na_2S 溶液，应急时还可以用水，防止汞的蒸发。

⑥ 汞盐　将废液调节至 pH = 8 ~ 10，加入过量的硫化钠，使生产硫化汞沉淀，再加入硫酸亚铁将其凝集，清液弃去，沉淀可以回收汞。

5）含铅废液的处理

铅在高 pH 值的溶液中均能沉淀下来。对于铅废液的处理通常也采用混凝沉淀法、中和沉淀法。因此，可向废液中加碱性物质，如石灰、碳酸钠、氢氧化钠等，将废液的 pH 值调到 8 ~ 10，使其中的 Pb^{2+} 生成 $Pb(OH)_2$ 和 $Ca(OH)_2$ 沉淀，加入硫酸亚铁作为沉淀剂（混凝剂），静置后上清液可排放，沉淀物与其他无机物混合，进行烧结处理。

铅及其无机化合物最高允许排放浓度为 1.0 mg/L。

3. 废渣处理

废弃的有害固体药品或在反应中得到的沉淀废渣严禁倒在生活垃圾上，必须进行处理。废渣处理方法是先解毒后深埋。首先根据废渣的性质，选择合适的化学方法或通过高温分解方式等，使废渣中的毒性减小到最低限度，然后将处理过的残渣挖坑深埋。

第三章　油品化验室的HSE技术与管理

化验室是一个复杂的系统。化验室工作人员在工作的时候需要接触各种各样的化学试剂、试样，在化验过程的化学反应中还有各种各样的气体、蒸气、烟雾等物质的产生。这些物质有的有毒害作用，有的有易燃易爆性质。各种仪器设备、电器、机械在运行和使用过程中也可能存在危险性。因此，分析测试工作者必须学习化验室的安全技术，并掌握一定的防护急救技能和管理能力。

第一节　化验室的机械性外伤的预防和急救

一、化验工作中机械性外伤的发生和危害

化验室工作中发生机械性外伤的机会不多。化验室的机械伤害主要是运动性仪器设备的部件损坏，某些物体的飞出，障碍物和突出的部位的钩、绊导致人员的跌倒，或者物体的掉落等原因造成。化验室外伤一般情况下不会太严重，但偶然也有例外。

二、化验室外伤的预防

1. 仪器设备加安全装置

（1）密闭与隔离　在运动设备的运动部位加装宽度大于部件50 mm的防护罩，突出的销钉、螺栓加上圆形光滑的罩子。

（2）安全链锁　对极易造成人身伤害的冲、切装置，应加安全链锁装置。

（3）紧急刹车　开放式机械应有紧急刹车，并灵活可靠。

（4）防护屏障　有可能发生爆炸或有物体飞出的设备装置，加装防护屏障。某些玻璃仪器可以用厚毛巾加以包裹。

（5）其他　根据具体情况而定。

2. 人员操作的安全防护

（1）严格执行安全操作规程，正确使用和维护仪器设备，正确使用防护用品。

（2）进行机械操作时，操作服应“三紧（袖口、下摆、裤脚）”。留长发的实验人员应将长发收进工作帽里，并确保不脱出。

（3）在转动部件附近工作时，要注意保持距离，不要站在设备可能有物件飞出的方向上。

（4）禁止用手触摸或擦洗转动着的部位，禁止戴手套进行转动机械的操作。不要在运行机械上面搁放物件。

（5）检修设备时，必须切断电源，并经两次“启动”确认无误，并在电源开关处挂上“禁动”牌后，方可施工。

（6）安装、拆卸玻璃仪器，切割、折断玻璃管等操作，应用厚布包裹，并忌用暴力，防止破裂。

三、化验室外伤的急救

1. 一般外伤的救护

（1）一般擦伤　立即用肥皂水和温水将伤处和周围表皮擦洗干净，然后用(1∶9)过氧化氢及生理盐水冲洗伤口，小的伤口可以抹碘酊后用消毒敷料包扎。如伤口出血，可取消毒敷料作压迫止血，更换敷料后再用绷带轻轻包扎或用胶布固定。

（2）刺、割伤、裂伤、挫伤、撞伤、扭伤或炸伤　同一般擦伤先清洁表皮和伤口后，要检查伤口内有无异物并清理干净、擦干，用碘酊或酒精消毒周围皮肤，用消毒敷料包扎处理。割裂的伤口在包扎前，应对拢后再包扎。

2. 严重外伤的救护

（1）大量出血　若无明显出血点者，应用消毒敷料全创面压迫止血。若大血管损伤，可在血管的近心端上止血带(每 39 min 放松一次)，初步止血后立即送医院治疗。

深度过大的出血伤口，必要时应填充止血，立即送医院治疗。

（2）骨折　发现骨折，应固定伤肢后，送医院治疗。

（3）离体组织　如有离体的组织应尽量寻找，用生理盐水作初步冲洗清洁，再用消毒敷料包裹，急送医院，以利于治疗。如伤员发生休克时应作抗休克处理，注意保暖。

严重外伤的急救对挽救伤者的生命及保存离体组织的功能极为重要。

四、眼部外伤的防护和急救

眼睛是人的“灵魂之窗”，眼睛对于人员的工作与生活极为重要，必须认真保护。如发生损伤应优先救护。

1. 眼睛的安全防护

凡有可能导致眼睛受到损害的操作，实验人员均应根据需要佩戴相应的护目镜，并注意保持较大的安全距离，以减少意外伤害的机会和伤害程度。

2. 眼睛伤害的救护

（1）固体异物入眼　应令伤者闭上眼睛，不要转动眼球，更不要用手揉搓，以免扩大损伤，立即请医生处理。

（2）眼球挫伤、震动伤及其他损伤　立即送医院诊治。

第二节　化验室防火防爆

一、燃烧和爆炸

1. 燃烧

可以燃烧的物质(可燃物)与能够帮助燃烧的物质(助燃物)相互接触，在环境温度达到其着火温度时，可燃物即着火，放出光和热，这就是燃烧。

可燃物、助燃物和着火温度合称为“燃烧三要素”。

2. 爆炸

当燃烧在瞬间快速进行，同时放出大量的热和气体，体积急剧膨胀，产生强烈的震动(冲击)，并发出巨大声响，就形成爆炸。

有时候先是发生燃烧，继而发生爆炸；也有先是爆炸发生，而后再延续燃烧。

3. 化验室的燃烧、爆炸危险

化验室经常使用具有易燃、易爆、自燃、助燃性质极强的氧化剂等化学试剂，某些实验还会放出可燃气体。在很多的实验中还经常进行加热、蒸馏、高温灼烧等热操作。

化验室是随时可能有“燃烧三要素”同时存在的条件的，具有发生燃烧，甚至爆炸危险的不安全因素。

因此，化验室人员必须学习并掌握基本的防火防爆知识，学会火灾的预防和扑救的实际技能。

二、化验室中的易燃易爆物质

1. 爆炸品

指在外界作用下(受热、受压、撞击等)能发生剧烈的化学反应，瞬时产生大量的气体和热量，使周围压力急剧上升，发生爆炸，对周围环境造成破坏的物品，也包括无整体爆炸危险，但具有燃烧、抛射及较小爆炸的物品。

能发生爆炸的物质，一般都含有—O—O—(过氧基、过氧化物、臭氧)；—O—Cl(氯酸或过氯酸盐)；—N—X(氮的卤化物)；$—NO_2$、—N ═O(硝基或亚硝基化合物)；O—N ═C(雷酸盐类)；—N ═N—、 —N≡N—（重氮或叠氮化合物）； —C≡C—（乙炔类化合物）等活泼基团。

爆炸品具有极大的危险性和敏感性。在实验中应尽可能避免使用，确有必要时应加强安全防范。

化验室可能使用的爆炸物品有三硝基甲苯、三硝基苯酚、硝化甘油等。

2. 压缩气体和液化气体

指压缩、液化或加压溶解的气体，并符合下述情况之一者。

(1) 临界温度低于 50 ℃，或在 50 ℃时其蒸气压力大于 294 kPa 的压缩或液化气体；

(2) 温度在 21. 1 ℃时，气体的绝对压力大于 275 kPa，或在 54. 4℃时，气体的绝对压力大于 715kPa 的压缩气体；或在 37. 8 ℃时，雷德蒸气压力大于 275 kPa 的液化气体或加压溶解气体。压缩气体和液化气体中的气体，可以是可燃、助燃、不燃及有毒气体等。

压缩气体和液化气体通常是用耐压的“钢瓶”储存，再通过管道输送到用气地点。钢瓶或管道遇热、撞击、附件损坏、受到破坏或气体漏出，均有可能导致爆炸、燃烧、毒害等危险事故。

化验室常用压缩气体和液化气体及其包装标志见表 3 - 1。

表 3 - 1　化验室常用气体及其包装标志

气瓶名称	瓶身颜色	字样颜色	色环	气瓶名称	瓶身颜色	字样颜色	色环
氢	深绿	红	黄	氨	黄	黑	—
氧	天蓝	黑	白	二氧化碳	铝白	黑	黑
空气	黑	白	白	煤气	灰	红	黄
氮	黑	黄	白	石油气	灰	红	—

3. 易燃液体

指易燃的液体、液体混合物或含有固体物质的液体，但不包括由于其危险特性已列入其他类别的液体。其闭口杯试验闪点等于或低于 61℃。

易燃液体又分为 3 类：闭口杯试验闪点低于 - 18℃的低闪点液体；闭口杯试验闪点在 - 18℃至低于 23℃的中闪点液体；闭口杯试验闪点在 23℃低于 61℃的高闪点液体。易燃液体闪点低，易着火，挥发性大，黏度小，密度低，容易扩散，且蒸气与空气混合可以形成爆炸性混合物；易燃液体与氧化剂等氧化性物质接触可被氧化导致着火燃烧；易燃液体多为电的不良导体，易积累静电引发着火；一般易燃液体的燃烧热较高，不少易燃液体还有毒性或者燃烧产物有毒害性。

易燃液体的闪点越低，着火危险性越大。因此，人们通常把易燃液体作为防火防爆的防范重点。

实验室常用的有机溶剂如石油醚、乙醚、汽油、乙醇、丙酮等均属于易燃液体；还有如甘油、丙二醇等液体物质虽然不属于易燃液体，但仍然具有很强的燃烧性能，也要注意安全防范。

某些易燃液体如乙醚还会吸收空气中的氧气，生成过氧化物，增加了其危险性，必须认真注意。

4. 易燃固体、自燃物品和遇湿易燃物品

（1）易燃固体是指燃点低，对热、撞击、摩擦敏感，易被外部火源点燃，燃烧迅速，并可能散发出有毒烟雾或有毒气体的固体，但不包括已经列入爆炸品的物品。常见的易燃固体有赤磷及其化合物、赛璐珞、二硝基苯、重氮氨基苯、闪光粉、硫黄、氨基化钠、镁粉、铝粉、甲基萘、樟脑、聚甲醛等。

（2）自燃物品是指自燃点低，在空气中易发生氧化反应，放出热量而自行燃烧的物品。常见的自燃物品有黄磷、三乙基铝、三异丁基铝、硝化棉、漆布等。

自燃物品在特定的条件下，通常都可以在空气中发生燃烧，极易引起火灾。

有些物品虽然看似无化学活性，但处理不当时也可能产生危险性，如吸收了油品的棉纱也具有强烈的自燃性能，可能引发火灾。

（3）遇湿易燃物品是指遇水或受潮时，发生剧烈化学反应，放出大量的易燃气体和热量的物品。有的不需明火，即能燃烧或爆炸。

锂、钾、钠等极活泼的轻金属及它们的氢化物，磷化钙、金属钙、锌粉、电石（碳化钙）等物质，遇湿均容易发生燃烧。

遇湿易燃物品与人体接触的时候，会与皮肤上的湿气发生反应并强烈腐蚀，有些遇湿易燃物品或反应产物具有毒性，可能对人员产生严重危害，必须认真注意人身保护。

遇湿易燃物品发生火灾不能用水扑救，也不能使用泡沫、二氧化碳，甚至已经禁用的“卤代烃类灭火剂”，只能用“干粉”——干石墨粉、干砂扑救，否则会“火上加‘油’”。

一般地，固态的易燃物品的燃点越低、颗粒越小，其危险性越大，一些微粉状的固态易燃物品甚至可以与空气形成爆炸性混合物。

5. 氧化剂和有机过氧化物

氧化剂是指处于高氧化态，具有强氧化性，易分解并放出氧和热量的物质。包括含有过氧基的无机物，其本身不一定可燃，但能导致可燃物的燃烧，与松软的粉末状可燃物能组成爆炸性混合物，对热、振动或摩擦较敏感。有机过氧化物是指分子组成中含有过氧基的有机物，其本身易燃易爆，极易分解，对热、振动或摩擦极为敏感。

氧化剂和有机过氧化物的危险性主要在于其结构中具有极容易分解的“高氧化势”的活性基团（如过氧基、过氯酸基、硝基等），在遇到具有还原性物质时容易引发燃烧、爆炸反应。某些强氧化剂在外界因素作用下，还会引发自身氧化还原反应（又称为“歧化反应”），甚至可能发生爆炸，如氯酸盐。不同强度的氧化剂相混合，也可能发生反应引起燃烧爆炸。不少的氧化剂还具有不同程度的毒性或腐蚀性。

有机过氧化物结构内部包含有氧化性基团（过氧基）和还原性基团（有机物），所以极容易发生内部的氧化还原反应引起燃烧爆炸。

常见的氧化剂和有机过氧化物有过氧化钠、高氯酸钾、高锰酸钾、硝酸钾、氯酸钾、过氧化苯甲酰、过硫酸铵、溴酸钾等。

三、化验室防火防爆的基本措施

1. 消防工作的基本原则

由于火灾具有强烈的破坏作用，而且容易扩大，迅速蔓延，可以造成财产其至生命的惨重损失。因此，消防工作的基本原则是"以防为主，防消结合"，坚持"防患于未然"，在日常生活和工作中做好火灾的预防工作。

化验室存在着可以发生燃烧、爆炸危险性的物质和环境条件，因此，化验室的防火防爆是化验室避免发生火灾的基本手段。

2. 化验室的防火防爆

防火防爆的实质是避免"燃烧三要素"的同时存在。

(1) 控制易燃易爆物品的使用和储存　尽可能不用或少用易燃易爆物品(尤其是"爆炸性物质")，控制其库存量，并避免在化验室内存放超过使用需要量的过多的易燃易爆物品。

储存易燃易爆物品的仓库，必须符合安全防火规范，严格控制易燃易爆物品的储存量。

(2) 避免易燃物与助燃物的接触　经常检查易燃物品的储存器，确保易燃物品的密封保存，避免泄漏和扩散，注意防止爆炸性混合物的形成和积聚。一些具有强挥发性的易燃物品，必要时可以充氮，以降低其危险性。

(3) 控制和消除点火源：

① 在易燃易爆环境中使用防爆电器，避免电火花并禁用明火；

② 防止易燃易爆物品与高温物体表面接触；

③ 避免摩擦、撞击产生火花及热的作用；

④ 避免光和热的聚焦作用；

⑤ 采取措施做好静电泄放，防止静电积聚；

⑥ 做好通风、降温工作，避免易燃易爆物品储存和使用环境达到着火温度。

(4) 化验室建筑、室内布置及消防设施应符合防火规范：

① 化验室应通风良好，符合安全防火设计规范；

② 根据消防规范配置各种消防设施，定点放置并方便使用；

③ 有指定的专人负责消防设施的日常管理和维护；

④ 化验室人员均熟悉常用消防器材的使用方法。

(5) 注意做好日常实验工作的防火防爆：

① 化验室人员应了解实验的燃烧、爆炸危险性和防止方法；

② 化验室内不得乱丢火柴及其他火种，禁止吸烟。酒精灯必须在火种熄灭后才能添加酒精；

③ 使用易燃液体时，必须取去火源并远离火种；

④ 加热或蒸馏可燃液体时应使用水浴或蒸汽浴，禁止直接火加热；

⑤ 乙醚应避免过多接触空气，防止其过氧化物生成；

⑥ 禁止把氧化剂与可燃物品一起研磨、不得在纸上称量过氧化物和强氧化剂；

⑦ 使用爆炸性物品如苦味酸(三硝基酚)、高氯酸及其盐、过氧化氢等物品，要避免撞击、强烈振荡和摩擦；当实验中有高氯酸蒸气产生时，应避免同时有可燃气体或易燃液体蒸

气存在；

⑧ 进行可能发生爆炸的实验，必须在特殊设计的防爆炸的地方进行，并注意避免发生爆炸时爆炸物飞出伤人或飞到有危险物品的地方；

⑨ 散落的易燃易爆物品必须及时清理，含有燃烧、爆炸性物品的废液、废渣应妥善处理，不得随意丢弃。内部含有可燃物质的仪器，实验完成后，应注意彻底排除；

⑩ 不要使用不知成分的物质。

（6）做好气体钢瓶的安全管理

① 使用气体钢瓶必须遵照国家"气瓶安全监测规程"及其他有关规定进行管理；

② 气瓶必须标志清楚，专瓶专用（含压力表等附件），不得擅自改装其他气种，阀门等附件必须安全完好，并定期检验；

③ 钢瓶储运严禁抛、滚、撞击及摩擦，避免阳光曝晒和受热；冬季出气缓慢时可用热水温热瓶身，严禁火烤；

④ 气体钢瓶及管道附近不得存放易燃易爆物品，并避免与腐蚀性物品接触，以免受到腐蚀。

⑤ 氧和乙炔气瓶，严禁沾染油脂类物质。

⑥ 气体钢瓶内气体不准用尽，应保留≥196 kPa 余压。

⑦ 经过检验不合格的钢瓶，必须及时报废，不得再用。

（7）做好燃气的安全使用：

① 燃气器具必须完好、合格，安全可靠，无泄漏；

② 点燃燃气灯具时，必须按先通风后点火再开燃气，最后调节火焰的顺序。切忌先开气后点火，熄火时先关燃气后停风；

③ 燃气发生泄漏或中断供应，应立即关闭阀门，熄火。待进行室内通风排除余气和排除故障以后，才能再次启用燃气灯具。室内燃气未排除彻底以前，禁止点火及开关电器；

④ 燃气器具、管道附近不得存放易燃易爆物品及腐蚀性物品。

（8）做好电气防火工作：

① 化验室电气系统必须符合安全防火规范要求，有有效的接地系统；

② 电气线路和装置必须留有安全余量，严禁超负荷运行；

③ 保证电气装置的安装和检修质量，确保处于优良状态；

④ 电气装置及线路附近禁止存放易燃易爆物品及腐蚀品，或其他可燃物品，并避免潮湿环境；

⑤ 有可能产生静电的管道、容器及设备，应可靠接地。在有燃烧、爆炸危险的场所，入口处应安装接地门把和踏板，以泄放静电。

（9）编制灭火对策表，指导灭火工作　根据化验室的物资情况，编制灭火对策表，公布于众，提醒全体人员注意防范。

四、灭火的基本原理和常用方法

1. 灭火的基本原理

（1）燃烧与灭火的关系　燃烧，是物质之间由于"燃烧三要素"同时存在所造成的急剧的氧化还原反应的发生及其延续；"灭火"则是使这种反应停止，不使燃烧延续进行。

（2）灭火的实质　灭火的核心是采取一切可以采取的措施（手段），以破坏已形成的"燃烧三要素"的组合，从而使燃烧停止。

其实质是使“燃烧三要素”不能同时存在，没有了着火的机会，燃烧也就停止。

2. 常用的灭火方法和灭火剂

(1) 隔离法　撤除、隔离可燃物，利用外力使可燃物与燃烧物分隔开，“釜底抽薪”，“着火区”没有了可燃物的补充，燃烧反应将自动停止。

隔离法的“外力”通常用‘机械”，或者冲击力(包括使用高压水流的强力喷射产生的“切割”力)的方法实现。

(2) 冷却法　把能够大量吸收热量的灭火剂喷射到燃烧物上，使燃烧物的温度下降，当燃烧区的温度低于可燃物体的燃点时，燃烧即可停止。冷却法常用水、水蒸气、二氧化碳。

(3) 窒息法　用不燃(或难燃)物品覆盖在燃烧物上，或以窒息性气体稀释燃烧区的空气，使燃烧得不到足够的助燃空气(氧)而熄灭。

窒息法常用泡沫、二氧化碳、水蒸气、干粉、EBM 气溶胶、七氟丙烷(FM－200)等；还可以用干的沙土、湿毛毯、湿棉被或其他可以把着火物的表面加以覆盖的物体。

(4) 燃烧反应中断法　使用特殊的灭火剂喷射到燃烧区中，与燃烧反应所产生的活性基团(“自由基”)结合，使燃烧反应的“链”中断，从而达到灭火的目的。

燃烧反应中断法常用干粉、水蒸气、EBM 气溶胶、七氟丙烷(FM－200)等。

在上述方法中，冷却法是最常用的灭火方法。

水是最常用的灭火剂，具有很好的灭火功能，水蒸气对燃烧产生的有毒气体还有吸收作用，是重要的灭火剂。但水也有灭火的禁忌，特别是在化学火灾的扑救方面要注意适当的运用，扬长避短，充分发挥其优势。

对于化学危险物品、电气等特殊火灾，灭火时需根据燃烧物的性质选用适当的灭火剂，以避免灭火禁忌。

在灭火时常会根据情况需要同时使用多种灭火方法。爆炸性物品的火灾不宜使用用覆盖物的窒息法灭火。

3. 常见火灾类型及灭火方法(见表 3－2)

表 3－2　火灾类型与灭火方法

火灾等级	燃烧物及燃烧情况	应采用的灭火方法	禁用办法
A 级	木材、纸、布	水、干冰、二氧化碳、干粉	
B 级	易燃液体或气体、橡胶、塑料	干冰、二氧化碳、泡沫、七氟丙烷、气溶胶	
C 级	以上物质有电接触时	干冰、二氧化碳、泡沫、七氟丙烷、气溶胶	水、泡沫
D 级	碱金属	干冰、干的盐、(钾或钠)干的石墨(锂)	水、泡沫、二氧化碳

五、化验室火灾的扑救和疏散

1. 扑救火灾的一般原则

(1) 三十六字口诀　报警早，损失少；边报警，边扑救；先控制，后扑灭；先救人，后救物，防中毒，防窒息；听指挥，莫惊慌。

(2) 火灾现场扑救的注意事项　火灾是危害性很大的灾害，扑救不及时可能造成严重的人员和财产损失，必须高度重视。但是，只要在火灾扑救的时候做好以下工作，就有机会把火灾造成的损失尽可能降到最低。

沉着冷静、及时准确地报警；不失时机地扑救初起的"火头"；及时控制火势；积极抢救人员和重要物资；救火人员做好自我保护；在救火现场绝对服从指挥。这些原则对尽早扑灭火灾具有积极意义。

2. 化验室火灾现场疏散

（1）受伤人员及时疏散撤离，并予以救护；

（2）迅速疏散易燃易爆物品及毒害物品；

（3）迅速疏散各种贵重的仪器设备和资料档案；

（4）清疏救援通道，保证消防工作顺利进行。

3. 电气火灾的扑救

1）电气火灾的特点

① 起火快　电气点火温度高，容易点火；

② 蔓延快　容易沿电线传播蔓延；

③ 难扑救　起火的电气装置继续发生热量维持火灾的延续；

④ 容易发生触电事故　火灾现场往往带电。

2）电气火灾的扑救

① 断电扑救　切断火灾现场的电源再进行扑救，这是最安全的扑救方法。如果在夜间，必须注意切断电源的位置，避免影响扑救工作的照明，同时要注意避免电线短路引起新的"火头"。切断电源后可以按一般火灾扑救。

② 带电扑救　紧急情况下或者一时无法切断电源，可以用不导电的灭火剂如二氧化碳或干粉等灭火剂扑救，但需注意保持安全距离，严禁冒险操作，以防扑救人员触电。

所有火灾的扑救都要注意防止建筑倒塌、高空坠落伤人或者其他伤亡事故的发生。

六、化验室人员热力烧伤的预防和急救

1. 热力烧伤的概念

由于热的作用使肌体组织发生病变的伤害，称为"热力烧伤"。当人员在实验工作中受到一定强度的热力的作用，超过肌体组织的耐受能力的时候，受到作用的局部组织就会发生病变，即受到烧伤。

火灾、可燃物质的起火、工作人员错误接触高温度或高热量物体，是引起热力烧伤的常见原因。

2. 热力烧伤的特点

（1）烧伤的肌体组织是渐变的，即表面组织最为严重，逐渐深入则逐渐减轻。但是，受到烧伤的肌体组织可能有相当的厚度。也就是说，表面烧伤严重的，其内部也肯定受到一定程度的烧伤损害。

（2）热力烧伤的面积，与受到热力作用的肌体表面面积有关。一般情况下，受到热力作用的体表面积越大则烧伤的面积可能越大。

（3）热力烧伤的伤害程度与受到热力作用的时间和热力的强度有密切关系，通常受热力作用的时间越长，受到伤害越大，烧伤越严重；热力的强度越大（温度越高），烧伤程度也越严重。

（4）热力烧伤的伤员在发生烧伤的时候，伤口经常会被环境或热源的物质所污染，不容易清理。

(5) 热力烧伤的受伤部位，往往会自行产生有害于身体的毒素，可能对伤员造成严重影响。

(6) 由于热力的作用，伤员往往会发生严重的失水现象，容易产生“危象”。加上深层组织受损，强烈的痛感往往造成伤员虚脱、休克，经常会因此而形成危重病例，甚至心跳、呼吸停止。抢救时必须充分注意。

3. 烧伤的分度

(1) 一度烧伤 只损伤表皮，皮肤发红、灼痛，无水泡。

(2) 二度烧伤 又有轻二度和重二度之分：轻二度伤及真皮浅层，起水泡，水肿，疼痛；重二度伤及真皮深层，皮肤苍白带灰色，真皮坏死，间有红斑。

(3) 三度烧伤 皮肤全层或其深部组织一并烧伤，凝固性坏死，颜色灰白，硬韧，失去弹性，痛觉消失，表面干燥；焦痂。

4. 烧伤面积的影响

烧伤的面积对伤员的影响很大，是判断伤势的重要指标。

(1) 小面积烧伤 一般成年人烧伤面积在15%以下的二度烧伤列为小面积烧伤，通常不需要住院治疗。

(2) 大面积烧伤 超过15%的二度烧伤视为大面积烧伤，需要住院治疗。

(3) 严重烧伤 二度烧伤面积超过30%或三度烧伤超过15%，视为严重烧伤。

5. 热力烧伤的防护

(1) 做好化验室防火防爆工作，避免发生燃烧、爆炸事故。

(2) 使用加热设备进行加热实验的时候，要做好防范工作，避免肌体与热源直接接触。不要用裸露的肢体接触不知温度的加热器器壁。

(3) 需要取下沸腾的溶液时，须先停止加热片刻，或先用烧杯夹夹住烧杯稍加摇动后再行取下使用，避免由于液体接触过热的容器上壁而突然迸沸溅出伤人。

6. 人体热力烧伤的急救

(1) 迅速使患者脱离烧伤现场，并除去燃烧或被热液体浸湿的衣服，必要时用剪刀剪除，以避免伤势加重。

(2) 轻度烧伤伤口用清(温)水洗除污物后，可用生理盐水冲洗，并涂以烫伤油膏(不要挑穿水泡)，必要时用消毒纱布轻轻包扎予以保护。

面积较大(10%以上)的烧伤，应送医院治疗，不要自行涂敷油膏，以免影响医生诊治。

(3) 注意纠正患者出现的虚脱、休克等症状。如出现呼吸或心跳停止现象，应立即抢救，使其复苏。并适当给患者以温热饮料或输液，纠正脱水现象。

在烧伤伤处没有出血的情况下，可以把伤处用凉水浸泡或用凉水轻轻冲洗，使局部温度下降，既可止痛，也有利于伤口恢复。

附：冻伤

“冻伤”可视为“‘负’的烧伤”，是由于环境或物体温度过低而导致人员局部或全身组织的病变。

冻伤的典型表现为：组织发红并呈紫蓝色，麻木，疼痛，肢体僵硬，严重冻伤可导致部分组织坏死，全身严重冻伤可导致死亡。

实验室引起“冻伤”的常见原因，是使用气体钢瓶时发生气体的泄漏造成局部的低温；或者在冬季外出室外取样时因严重受冻发生冻伤。

发生人员冻伤，急救方法是用温水(40～42℃)浸泡，或用温暖的衣物、毛毯等保暖物品包裹，使冻伤处温度回升。严重冻伤经上述处理仍不能恢复的，应请医生治疗。

第三节　化学性伤害的预防和急救

化学性伤害包括化学毒物及化学腐蚀品造成的人员伤害。

一、中毒预防和急救

(一) 毒物和中毒

1. 毒物

毒物指进入肌体后，累积达到一定的量，能与体液和器官组织发生生物化学作用或生物物理学作用，扰乱或破坏肌体的正常生理功能，引起某些器官和系统暂时性或持久性的病理改变，甚至危及生命的物品。经口摄取半数致死量：固体 $LD_{50}\leqslant 500$mg/kg，液体 LD_{50} 2000mg/kg；经皮肤接触24h，半数致死量 $LD_{50}\leqslant 1000$mg/kg；粉尘、烟雾及蒸气吸入半数致死量 $LC_{50}\leqslant 10$mg/L 的固体或液体，以及列入危险货物品名表的农药。

其中，凡口服固体毒物生物试验半致死量 LD_{50} 在 50mg/kg 以下，或由皮肤接触毒物，LD_{50} 在 200mg/kg 以下，人体吸入气体毒害品，半数致死浓度 LC_{50} 在 2mg/L 以下者均属一级毒害品(剧毒品)。

某些毒物还有致突变、致癌、致畸作用。许多毒物还有易燃易爆性和腐蚀性。常见的毒物的分类如下。

(1) 按毒性分类：

① 一级毒害品(剧毒品)　氰、砷、汞及其化合物，硫酸二甲酯，有机磷，有机铅，某些生物碱等；

② 二级毒害品(有毒品)　卤代烃，芳香族，硝基、胺基化合物，醛类，铅、铬、钡、锑、铜等的盐类，硝酸盐，亚硝酸盐，氯酸盐等。

(2) 按中毒类型分类：

① 窒息性毒物　氢、氮、一氧化碳、氰化氢等；

② 刺激性毒物　酸蒸气、氯、氨、二氧化硫等；

③ 麻醉性毒物　醇类、卤代烃、芳香族化合物、脂肪族硫化物、有机汞、有机铅、有机锡、磷化氢等；

④ 其他毒物　上述毒物以外的毒物。

(3)致癌性物质　如多环芳烃、苯并芘、亚硝胺、α－萘胺、β－萘胺、联苯胺、芳胺、氮芥、烷化剂、黄曲霉素、砷、镉、铍、石棉等。在使用时应注意做好防护。

2. 中毒

由于毒物进入肌体，与体液和器官组织发生作用，扰乱或破坏肌体的正常生理功能而引起的肌体病变，称为中毒。

(1) 毒物毒性的一般规律：

① 毒物在水里的溶解度越大，毒物的危害性越大；

② 颗粒越小，沸点越低，越容易被吸入肺部引起中毒；

③ 既有水溶性，又具有油溶性的毒物极容易经皮肤、黏膜吸收，引起中毒。

(2) 中毒程度分类：

① 急性中毒　较大量毒物突然进入人体，迅速造成中毒，很快引起全身症状，甚至死亡；

② 慢性中毒　少量毒物，经多次接触而逐渐侵入人体，可因积累而中毒，进程缓慢、症状不明显，容易被忽视；

③ 亚急性中毒　症状介于急性与慢性之间，常因介于二者之间的毒物量进入人体(或因积累而达到)而引起。有时也因为其他原因引起身体健康情况变劣，“不敌”侵入体内的毒物的作用所导致。

(3) 毒物进入人体的途径：

① 通过呼吸道进入　有毒的气体、烟雾或粉尘，通过呼吸，被表面积超过 90 m^2 的表面布满微小毛细血管的肺泡所吸收，毒物可直接进入血液，迅速出现全身中毒症状，危险性很大；

② 通过消化道进入　误食毒物，有毒物质由消化系统经过胃、肠吸收进入血液。因毒物的性质各异，加上消化道体液的作用，中毒症状反映可能较迟缓，容易造成错觉，故不可忽视；

③ 通过皮肤黏膜进入　完整的皮肤能够阻挡一般毒物的侵入，黏膜则明显逊色。若皮肤有伤口或毒物具有腐蚀性，则毒物能迅速侵入人体。如毒物具有水、油溶解性能，侵入速度更快。中毒程度因情况而异。

(二) 中毒预防与急救

1. 实验室中毒的预防措施

(1) 严格毒物管理制度，有毒物品由专人管理，避免有毒物质扩散。剧毒物品要执行“五双”管理制度。

(2) 尽量用无毒或低毒的物质代替有毒或高毒性物质，以减少人员的中毒机会。使用有毒物质时，工作人员应充分了解毒物的性质、注意事项及急救方法。

(3) 使用毒物的实验室应有良好的通风，并具有适用的排毒设施，以防止毒物在室内积聚。万一发生毒性物质泄入室内，立即关闭其发生装置，停止实验，切断电源，熄灭火源，撤出人员。

(4) 避免有毒物质污染扩散：

① 取用有毒物质时应立即加盖密封；

② 发生毒物散落应立即清理除毒；

③ 盛装毒物的容器，用完后应由使用者亲自清洗处理除毒；

④ 有毒的废水、废渣应经处理除毒后才能排放；

⑤ 盛装毒物的容器，标签必须完整、清楚，脱落或模糊时应及时更换新瓶签，并注明更换日期，更换人需签名以示负责。

(5) 做好人员防护：

① 禁止在有毒的环境内存放食物、食具及吸烟、进食；

② 进行有毒性实验的前、后 8 h 内不得喝酒，以免增强人体对毒物的吸收或毒性作用；

③ 实验时必须做好个人防护，避免人体与毒物接触；

④ 嗅闻试样时不得正对口鼻，并保持一定的距离；

⑤ 接触有毒物品后，必须脱去接触过有毒品的防护用品，并认真洗漱后才能外出活动

或进食。带毒的防护用品应适时清理；

⑥ 使用剧毒品后，应洗澡更衣。带剧毒品的防护用品必须清洗干净、以免污染扩散(很稀的剧毒品溶液可按有毒品的规定进行操作)；

⑦ 采取有毒性的试样时必须遵守采样安全规程；

⑧ 皮肤有损伤无法包扎防护的，或身体有不适感的，不要进行有毒物品的实验；

⑨ 实验人员在实验中如发现有不适感觉，应即报告，并立即到空气新鲜处稍事休息，如仍不适，可请医生诊治。

(6) 根据实验室使用有毒物品的情况，编写《实验室毒性物品的毒性、中毒表现及急救规范》公布于众。

(7) 根据需要配备适当的解毒、除毒和急救药物。

(8) 认真执行劳动保护条例，尽量减少人员接触有毒品的时间，并定期进行针对性体检，及早发现病情和治疗。

2. 化学中毒的基本急救措施

(1) 及时发现中毒可疑现象　进行有毒物品实验的工作人员，有以下症状出现，应疑为有中毒现象，应及时抢救：

① 工作人员在工作中有唇、脸失色现象；

② 工作人员在上作中有咽喉疼痛或灼烧感；

③ 有工作人员呼吸有毒物气体；

④ 有工作人员头晕、不省人事，或突然跌倒情况。

(2) 发现有人员有急件中毒现象，应马上采取应急措施进行急救，在现场进行初步救治，尽快消除或减少毒物对人体的作用，将对抢救中毒人员的生命具有积极意义。通常采取的现场急救措施如下：

① 把患者移离中毒现场，包括迅速脱去患者身上粘染有有毒物品的衣物，用水冲洗被粘染的皮肤、黏膜，特别是眼睛，越快越好。非水溶性毒物应先用无毒或低毒溶剂抹去、再用水冲洗，避免体表继续吸收。有毒物品被冲洗后，再用适当的解毒剂或中和剂处理。

② 使患者呼吸新鲜空气，松解患者的有碍呼吸的衣物、腰带等物，使呼吸顺畅。

③ 若为误服毒物中毒，应视情况尽快采取措施排毒、解毒(注意：勿随便进行“洗胃”!)。

④ 如中毒患者有虚脱、休克或心肺机能不全现象，应做抗休克处理。如人工呼吸、给氧等，并注意保暖和保持安静。对口、鼻(呼吸)中毒患者进行人工呼吸要注意不要吸入有毒物品，最好使用呼吸机。

⑤ 发现有心跳停止，应立即进行复苏术，即人工呼吸加胸外挤压术(见触电急救)等。

⑥ 速送医院或请医生诊治。

二、化学腐蚀伤害的预防与急救

1. 化学腐蚀伤害的概念

由于在使用具有腐蚀性物质的时候，肌体与腐蚀性物质直接接触，因腐蚀作用使肌体组织受到侵蚀而被破坏的现象，称为化学腐蚀伤害。

与热力烧伤相似，化学腐蚀也是首先造成体表损害，再逐渐深入组织内部，使深层组织受到损害的。同时，化学腐蚀对肌体组织的损害过程及损害的程度与热力烧伤的情况也很相似。所以，人们通常把它们合并讨论。但是，出于腐蚀性物品往往也具有一定的毒害性，容易发生中毒现象，造成救护困难并导致伤口愈合不良，必须慎重对待。

2. 化学腐蚀的预防

（1）使用腐蚀性物质时，要穿戴好防护用品，包括使用防护眼镜、橡胶手套等，皮肤上有伤口时要特别注意防护。

（2）化验室内应备有充足水源，并配备有20～30g/L的稀碳酸氢钠及稀硼酸（或稀醋酸）溶液，以备急救时使用。

（3）大瓶腐蚀品应使用手推车或双人担架搬运；移动或打开大瓶液体，瓶下应垫以橡胶，防止与地板直接碰撞破裂；开启用石膏封口的大瓶药物时，应先用水把石膏泡软，再用锯子小心地把石膏锯开，严禁锤砸敲打。

（4）禁止使用浓酸（或浓碱）直接进行中和操作，需要进行中和操作时，应先予以稀释后再行操作。

（5）稀释浓酸（特别是浓硫酸），必须在耐热的容器（如烧杯）中进行，在搅拌下缓慢地将浓酸倒入水中，绝不允许相反操作（即不允许将水倒入酸中），且不许用摇动代替搅拌。溶解固体氢氧化钠（或其他强碱）时，也应该在烧杯中进行，稀释浓碱可以参照执行。

（6）压碎或研磨腐蚀性物品时，要防止碎块飞溅伤人。

（7）使用挥发性腐蚀性物品或有腐蚀性气体产生的实验，应在通风柜或抽气罩下进行，以局限其影响范围。

（8）对于同时具有其他危险性的腐蚀性物质，实验时要同时做好相应防护措施，防止发生连带伤害。

（9）在使用腐蚀物品的时候要特别加强对眼睛的防护。

3. 化学腐蚀伤害的救护

（1）发生化学腐蚀伤害，救护的首要工作是尽快使受伤害者脱离腐蚀环境，包括除去沾有腐蚀品的衣物和用大量清水冲洗处理。然后，再用稀碳酸氢钠溶液（用于酸性腐蚀）或稀硼酸溶液（用于碱性腐蚀，也可用稀醋酸）进行中和处理，以尽快消除腐蚀品的直接作用。

（2）根据受伤者的情况，参照“热力”烧伤的处理原则进行适当的后续治疗，没有条件的应迅速送往医院治疗。

（3）眼睛受到腐蚀伤害，应立即予以优先处理，特别是对于碱性的腐蚀，并尽快请医生诊治，以防后患。

三、常见致化学伤害物质的特性

1. 常见的化学毒物的特性

1）窒息性气体

① 一氧化碳　无色、无味、无臭、无刺激性气体、易燃、可与空气形成爆炸性混合气体；能与人体内的血红素结合，造成缺氧，使人昏迷不省，在低浓度下停留，会使人头晕、恶心以及虚脱甚至死亡；与氯在日光下可生成高毒性的“光气”。

② 二氧化碳　无色、无味、无臭、无刺激性气体，是动物呼吸排泄的废气；空气中含量较高时可使人嗜睡、昏迷；在高浓度二氧化碳中，可导致窒息甚至死亡。

③ 氮　无色、无味、无臭、无刺激性气体；是典型的窒息性气体，可导致缺氧，窒息甚至死亡。

④ 氢　无色、无味、无臭、无刺激性气体、易燃、可与空气形成爆炸性混合气体；是典型的窒息性气体，可致人缺氧、窒息甚至死亡。

⑤ 氰化氢　无色透明液体，易挥发，有苦杏仁味，具有燃烧性，其蒸气可与空气形成爆炸性混合气体；剧毒性物质，作用是破坏体内的呼吸生理功能而致窒息，作用迅速，误食氰化氢几乎必然死亡，即使粘附于皮肤也会被吸收而致死。

2）刺激性气体

① 氯　黄绿色气体，有强刺激性臭味，具有腐蚀性和强氧化性，与很多物质能发生猛烈的化学反应；低浓度下可引起眼和上呼吸道刺激症状，接触时间较长或浓度较大时症状会加重，引起慢性损害；吸入高浓度氯气，可造成严重伤害，呼吸困难、嗜睡、呼吸抑制，窒息甚至猝死。

② 氨　无色、强尿臭味刺激性气体，具有可燃性、腐蚀性；对皮肤、黏膜，尤其是眼睛有强烈刺激，可导致呼吸道刺激和炎症，视力损害，高浓度下可造成严重伤害，甚至死亡。浓氨水（$NH_3 \cdot H_2O$）溅入眼内，可引起角膜溃疡甚至穿孔。

③ 二氧化硫　无色气体，具有强烈辛辣气味，容易液化；液态二氧化硫受热或撞击有爆炸危险；吸入二氧化硫可导致黏膜炎症、脓肿溃疡，高浓度的二氧化硫可导致哑嗓、胸痛、呼吸困难、眼睛炎症、发绀、神志不清症状等危险状态。

④ 三氧化硫　无色、强酸性刺激性气体，在空气中能大量吸收水分生产白色烟雾；吸入可导致呼吸器官严重受伤害，情况比二氧化硫更严重。

⑤ 氟化氢　无色气体，接触空气产生白色烟雾，有特殊刺激性臭味；强氧化性、强腐蚀性、强毒害性物质。可以引起很多物质燃烧；对很多材料有腐蚀作用。浓度越高对人体危害越大，吸入可以引起强烈刺激，并使组织发生变化；也可以通过皮肤侵入人体使组织破坏，造成剧烈疼痛；慢性中毒也可造成死亡。

氟化氢的水溶液为氢氟酸，接触可造成腐蚀和毒害，吸入其蒸气如同吸入氟化氢。

⑥ 氢氧化物　气体、有强刺激性；吸入对深部呼吸道有损害作用，导致支气管炎、肺炎、肺水肿；还可以引起眩晕、痉挛、多发性神经炎等；高浓度时可迅速出现窒息、死亡。接触可致黏膜损害，肿胀充血等症状。

⑦ 溴　红棕色液体，蒸气有强刺激性；接触可产生皮疹，吸入可引起咽炎、疼痛、咳嗽、流泪等刺激和局部损伤等症状。

3）麻醉性、神经性毒物

① 醇类：

a. 甲醇 无色透明液体，易挥发，易燃烧，有酒精气味；吸入甲醇蒸气具有麻醉作用，对视神经伤害性强；急件中毒症状为头晕、酒醉感、恶心、耳鸣、视力模糊，严重时出现复视、眼球疼痛，甚至呼吸衰竭、神智昏迷、视力丧失；慢件中毒为神经衰弱和植物性神经功能紊乱、视力模糊、胃肠障碍。

误服含有甲醇浓度为1g/kg 的液体，即可使视力丧失，甚至死亡。

b. 乙醇　无色透明、酒精气味和刺激性；易燃液性；对皮肤和黏膜有刺激和脱水作用，对中枢神经有麻醉作用，一次饮用含 50 ~ 100g 纯乙醇的酒时，严重者可致死。经常大量饮酒，可引起消化不良，肝、胰疾病，多发性神经炎，心脏病。

饮酒可使许多有毒物品的毒性加强。

② 乙醚　无色极易挥发，有愉快芳香味，易燃液体；短时间吸入少量能使人兴奋。而后沉醉引起头痛、失眠、痉挛、精神失常、肾炎等；急性中毒引起麻醉、呕吐、发绀、四肢发冷、呼吸不规律，有时会停止呼吸瞳孔放大，但一般不会致死。

③ 甲醛　无色有窒息刺激臭味液体，易燃；水溶液则不属易燃品。对神经系统，尤其是视神经有毒害性和麻醉作用，对皮肤黏膜有刺激作用，吸入蒸气有眼部灼痛、咽痛、头痛、恶心、呕吐等症状，严重可引起喉痉挛、肺水肿。慢性中毒头痛视力模糊。

④ 丙酮　芳香味无色透明，易挥发易燃液体；吸入大量蒸气可致流泪、咽喉刺激、酒醉感、气急、发绀、抽搐、昏迷。

⑤ 卤代烃：

a. 氯甲烷(氯仿)　无色气体，加压下容易液化，具有可燃性，在空气中可因高热转化为光气；吸入高浓度氯甲烷，会引起急性中毒，症状为头痛、恶心呕吐：长时间接触低浓度氯甲烷，可引起慢性中毒，眩晕、食欲不振、酒醉感，对肝、肾损害，严重时呈现痉挛、昏睡而致死；皮肤接触有麻醉作用。

b. 溴甲烷　无色气体，4℃凝结为无色透明液体，类似氯仿气味，有毒；遇明火、高温或铝粉，有燃烧爆炸危险；吸入高浓度溴甲烷，可引起黏膜刺激，头昏、头痛等中枢神经系统症状，重度中毒时剧烈头痛、复视或双目失明，皮肤接触可引起灼伤，红斑、丘疹；个别人中毒有潜伏期。慢性中毒主要是神经系统症状。

c. 氯乙烯　无色气体，有类似氯仿气味；具有燃烧、爆炸性；有麻醉和致癌、致畸作用；长期接触氯乙烯能引起神经、消化、血液系统、骨骼和皮肤等病变；吸入高浓度氯乙烯可引起急性中毒，严重时神志不清，甚至死亡。液体氯乙烯可导致皮肤冻伤。

d. 四氯化碳　无色液体，有类似氯仿气味；不燃烧，在空气中可因高热转化为光气；吸入高浓度四氯化碳可引起黏膜刺激，中枢神经抑制和胃肠道刺激症状；慢性中毒为神经衰弱症侯群，损害肝肾；接触皮肤干裂。

⑥ 芳香族化合物：

a. 苯类　包括苯、甲苯、二甲苯等。属易燃液体，常温下挥发，可与空气形成爆炸性混合气体；短时间吸入高浓度蒸气，可致急性中毒，先短时间兴奋、呼吸中枢神经痉挛，后陷入麻醉状态，有死亡危险；长时间吸入低浓度蒸气可引起慢性中毒，损害造血功能、神经系统，有致癌性。

b. 苯胺　无色易燃油状液体，有强烈特殊臭味，蒸气和燃烧产物均有毒；吸入和接触皮肤均可中毒，主要是使血液不能携带氧气，导致组织缺氧、窒息、紫绀、头痛、胸闷、心悸气短，严重时影响中枢神经而死亡。

c. 芳香族硝基化合物　芳香气味，有挥发性物质；吸入或接触均可吸收中毒，急性中毒可致高铁血红蛋白症、溶血性贫血及肝、肾损伤。

⑦ 脂肪族硫化物：

a. 硫酸二甲酯　无色或淡黄色透明液体，有特殊洋葱气味；剧毒，有腐蚀性；可燃烧，与氢氧化铵剧烈反应；吸入蒸气可引起急性中毒，潜伏期4～15h，严重时可引起气管炎肺水肿甚至窒息死亡；皮肤黏膜接触可致灼伤、组织坏死；长期接触低浓度蒸气，可以造成慢性炎症。

b. 硫脲　白色有光泽的晶体，味苦；可燃烧，有毒，对大鼠致死量为1mg/kg；有较强致癌性。中毒症状为中枢神经麻痹，肺和心脏功能减弱。严重时可致死。接触皮肤可受到损害。

⑧ 汽油和石油烃　强溶剂性，有毒，易燃或可燃性。对皮肤有刺激引起龟裂、红斑甚至水疱；吸入可导致头痛、头晕、心悸、神志不清；呼吸、造血、神经系统慢性损害；某些

石油烃长期刺激可致皮肤癌。

⑨ 磷化氢　无色微带腐鱼臭味的气体，有自燃性；剧毒。吸入磷化氢可产生胸痛、发冷、眩晕、呼吸短促、痉挛、昏迷以至死亡。

⑩ 硫化氢　无色带腐蛋臭味的气体，易燃性；强毒性，较强腐蚀性，吸入 $200mg/m^3$ 浓度的硫化氢 5～8min 后，眼、鼻、咽喉的黏膜感到有灼热性疼痛，胸闷、恶心，视力模糊，意识消失，浓度更高就会有生命危险，可致死亡。

2. 常见腐蚀物品

(1) 酸类：

① 硫酸　强酸，有强烈腐蚀性和氧化性，浓硫酸具有强烈的脱水性。接触浓硫酸可能被严重烧伤；

② 硝酸　强酸，有强烈腐蚀性和氧化性，浓硝酸与蛋白质能产生“黄蛋白”效应；

③ 盐酸　强酸，有强烈腐蚀性，但对人体的腐蚀比较弱；

④ 磷酸　中强酸，高浓度时对人体组织有腐蚀作用；

⑤ 草酸　有机酸，有毒。

(2) 碱类：

① 氢氧化钠　强碱，有强烈腐蚀性，对蛋白质强烈溶解；

② 氢氧化钾　强碱，有强烈腐蚀性，对蛋白质强烈溶解；

③ 氢氧化钡　强碱，有强烈腐蚀件，对蛋白质强烈溶解；

④ 氢氧化钙　中强碱，有较强腐蚀件，对蛋白质侵蚀。

(3) 苯酚　无色针状晶体，有强腐蚀性和毒害性；吸入可致眩晕、呼吸困难严重可致死。接触可引起皮肤腐蚀、灼烧与中毒。纯苯酚入眼，可立即造成眼角膜灼伤并坏死。

(4) 三乙基铝　无色液体，有自燃性；有腐蚀性，人体接触可引起组织破坏出现烧伤症状，剧烈疼痛；本品燃烧产生的烟雾会刺激气管和肺部。

3. 其他有毒害性化学物质

(1) 氰化物　剧毒品，常有腐蚀作用；内服、吸入及接触均能引起中毒。多为急性中毒、症状为呼吸不规则、昏迷、大小便失禁；皮肤黏膜出现鲜红色彩，血压下降，迅速发生呼吸障碍而死亡。幸免于死者也常有神经系统后遗症。

(2) 砷和砷化合物　吸入含砷蒸气中毒常产生头痛、痉挛、意识丧失、昏迷、呼吸和运动中枢神经麻痹等；误服中毒，口中有金属味，口、咽和食道有灼烧感、恶心呕叶、剧烈腹痛，呕吐物先呈米汤样，后带血；全身衰竭最后皮肤苍白、面绀、血压下降、体温下降，死于心力衰竭。

(3) 汞和汞化合物 急性中毒有严重口腔炎，口中金属味，恶心呕吐、腹痛、腹泻、大便血水样，常虚脱、惊厥、尿中有蛋白和血细胞，严重时少到无尿，因尿毒症而死。慢性中毒有消化系统及神经系统损害，口有金属味、有金属沉淀、淋巴腺及唾腺肿大、嗜睡、头疼、记忆减退、手指和舌头震颤等。

(4) 铅和铅化合物　主要为误服中毒，患者口中常有甜金属味，症状是恶心、呕吐、有难以忍受的阵发性腹绞痛；严重者出现痉挛、抽搐甚至瘫痪、昏迷；还可能出现中毒性肝炎、肾炎及贫血等症状。慢性主要是贫血、肢体麻痹瘫痪及各种精神症状。

(5) 铬酸、铬酸盐类　主要致使皮肤、黏膜、消化系统发生炎症和溃疡，可深入至骨头，引起肝、肾损害，可致癌。

（6）镉和镉化合物　多因吸入含镉蒸气或烟雾而中毒；口中有金属甜味，全身疲乏，有胃肠炎、肾炎、上呼吸道炎症。

（7）磷和磷化合物　黄磷具有剧毒性，自燃性；误服和吸入蒸气均可中毒，出现呕叶、昏迷、腹痛、肝肿大、黄疸、尿血；重者呼吸衰竭可致死亡。慢性中毒可使骨质松脆，坏死。部分磷化物在空气中可吸收水汽或与酸接触而分解释放出磷化氢。有机磷农药通常都具有较高的毒性。

（8）可溶性钡盐　误服可导致食道、胃烧灼感，呕吐、腹痛、血压下降以至心肌麻痹而死。

四、常见化学性伤害的急救措施

吸入有毒害性气体或蒸气、误服或接触有毒害性物质致中毒和其他伤害，应立即按化学伤害急救基本原则的要求将患者移至空气新鲜处，并使其吸入新鲜空气，注意保暖。再按下列情况分别作除毒害及相应急救处理。

1. 有毒害性气体与蒸气

（1）一氧化碳、二氧化碳、氯、氢等窒息性气体，遇到呼吸衰竭时，可以施行人工呼吸，或给氧。

（2）氰化氢　适当吸入亚硝酸异戊酯蒸气（2 min 吸 30 次），感觉消失者，即请医生救治；静脉注射亚硝酸钠和硫代硫酸钠溶液；可给患者吸入含 5% 二氧化碳的氧气。

（3）硫化氢　中毒严重时，可吸入 H_2O_2（2∶100）溶液蒸气或给氧，并请医生救治；必要时施行人工呼吸。

（4）氯、溴、氯化氢、二氧化硫、三氧化硫等酸性刺激性气体可吸入 20g/L $NaHCO_3$水热蒸气（或喷雾），也可以吸入稀氨水的水蒸气（雾），给服 $NaHCO_3$并含漱；胸、喉刺激者适当冷敷，眼睛受刺激时用 20g/L $NaHCO_3$水溶液洗眼，情况严重者，请医生治疗。

（5）氮氧化物　静注 50% 葡萄糖 20～60 mL，对症止咳，镇静及使用抗菌素，忌用吗啡。

（6）氨　立即吸入大量沸水蒸气，内服 10g/L 酒石酸、柠檬酸或醋酸溶液。喉部水肿、呼吸困难时应请医生治疗。

（7）汽油、苯蒸气　呼吸困难时给氧气或人工呼吸。

（8）卤代烃　大量吸入时可进行人工呼吸或吸氧，静注 50% 葡萄糖 40mL，并请医生对症治疗；眼睛受损时用 20g/L $NaHCO_3$水溶液冲洗。

2. 液体或固体化学毒害物

（1）误服酸类（硫酸、硝酸、盐酸、草酸）　应立即请医生，内服 15g/L 的氢氧化镁悬浮液或氢氧化铝胶，然后服蛋白溶液（每升用 5 个鸡蛋）或牛奶，忌用碳酸氢钠或碳酸钠，禁止使患者呕吐。皮肤灼伤可以用 50g/L $HaHCO_3$水溶液清洗。

（2）误服碱类（氢氧化钠、氢氢化钾、氢氧化钙、氢氧化铵等）　误服禁洗胃或呕吐，可给稀醋酸或柠檬汁 500mL，或（1∶200）盐酸 100～500 mL，再服蛋白清水或牛奶。皮肤灼伤可以用（1∶50）稀醋酸或 20g/L 稀硼酸溶液洗。

（3）氰化物　氰化物为剧毒品，若患者神志清醒，应及早用温热盐水或 10g/L 硫代硫酸钠约 500mL 催吐，也可用 0.2g/L 高锰酸钾溶液、（1∶9）H_2O_2溶液洗胃，以后每 15 min 服一汤匙硫酸亚铁或氧化镁悬液。适当使用亚硝酸戊酯或亚硝酸丙酯蒸气吸入，以及静注亚硝酸钠和硫代硫酸钠溶液解毒。可给患者吸入含5%二氧化碳的氧气。

(4) 砷化合物　误服中毒应立即洗胃、催吐或导泻；洗胃时用新配的氢氧化铁(120g/L 硫酸亚铁、200g/L 氧化镁混悬液等量混合)，每 5 ~ 15 min 一汤匙，直到呕吐。也可以用蛋白清水或牛奶，加活性炭粉更好。然后用硫酸镁导泻。

静注二巯基丙磺酸钠或二巯基丙醇解毒。吸入砷化物中毒时，可给氧及静注药物解毒，严重中毒时，应注意防止休克。

(5) 汞和汞盐　汞盐能侵蚀胃黏膜，故误服汞盐不宜洗胃，以防穿孔。发现汞盐中毒应尽快灌服鸡蛋清、牛奶或豆浆，以保护胃壁。食入者应立即给服还原液(醋酸钠 1g，磷酸钠 1 ~ 2g，加水 200 mL)每小时 1 次，共 4 ~ 6 次，使还原为毒性较小的甘汞，用硫酸镁导泻。立即静注二巯基丙磺酸钠、二巯基丙醇或葡萄糖解毒。

(6) 酚　误食酚、即用硫酸钠(30g/L)洗胃，直至酚的气味消失。如不能及时洗胃，可口服蛋白水及硫酸钠 15 ~ 30g 加足量水冲服，保护胃壁。洗胃后，可口服牛奶、蛋白或食糖与熟石灰的混合液(水 40，糖 16，熟石灰 5)，每 5 min 一汤匙。禁使患者呕吐，必要时给氧。

皮肤灼伤，可用 4 份 20% 酒精加 1 份 0.5 mol/L 的氯化铁溶液的混合液冲洗，再用水洗；也可用甘油、聚乙二醇等擦抹伤处，水洗；最后敷上饱和硫酸钠溶液。

(7) 镉及其化合物　轻度中毒时，大量饮水，安静休息。严重时用 10g/L 碳酸氢钠溶液洗胃。

(8) 可溶性钡盐　误服后立即用 10g/L 硫酸钠溶液洗胃。服入可溶于胃酸(盐酸)的钡盐时，同样处理。

(9) 磷　误服者，立即用 1 ~ 2g/L 硫酸铜溶液或 0.2g/L 高锰酸钾溶液反复洗胃，待蒜臭味消失后，口服 10g/L 硫酸铜溶液 10mL，约 1min 后再服，共 3 ~ 4 次。

如有磷的颗粒附于皮肤上，应将局部浸于水中，用刷子小心清除，不可将创面暴露于空气中或用油脂涂抹，再以 10 ~ 20g/L 硫酸铜溶液冲洗数分钟，然后用 50g/L $NaHCO_3$ 水溶液洗去残留的硫酸铜，最后可用生理盐水湿敷，用绷带包扎。

(10) 铬酸及其盐　用 50g/L 硫代硫酸钠或 10g/L 硫酸钠溶液冲洗污染的皮肤。

(11) 氢氟酸　接触受到侵蚀，先用大量水冲洗，再用 50g/L $NaHCO_3$ 水溶液洗，最后用甘油 - 氧化镁(2 + 1)糊剂涂敷，或用冰冷的硫酸镁液洗，也可涂烫伤消炎油膏。吸入蒸气引起中毒者应给吸入含 5% 二氧化碳的氧气，静卧观察或送医院。

(12) 溴　吸入中毒，可吸入水蒸气与氨水的混合物，严重时需吸氧。误服引起急性中毒者，应大量饮盐水，内服牛奶、咽冰块或冰水。皮肤灼伤可用苯擦拭除去，再敷油膏。眼睛灼伤，即用 2 ~ 5g/L $NaHCO_3$ 水溶液冲洗。

(13) 氯化锌　用水冲洗，再用 50g/L $NaHCO_3$ 水溶液冲洗，涂油膏。

(14) 焦油、沥青(热烫伤)　先以棉花蘸乙醚或二甲苯，洗去皮肤上的污染物，再用乙醇洗，最后涂上羊毛脂。

所有化学伤害的救护过程中，眼睛仍然是优先救护对象。

在碱性化学伤害的敷料中加入维生素 C 将有助于伤口的愈合，对其他烧伤、冻伤的伤口也有好处。

五、放射性伤害的预防和急救

放射性物品是指放射性比活度大于7.4×10^4 Bq/kg❶，在自然状态下，能够自发发射α、β、γ或χ射线的物品。

人体长期或反复受到容许剂量(指在有保护和限制工作时间的情况下的容许放射剂量。)能改变人体细胞机能，白血球增多、内分泌失调等。在较高剂量照射下，可造成出血、贫血、白血球减少、胃肠溃疡、皮肤坏死，严重的造成神经系统、造血功能伤害，甚至白血病或诱发癌症，直至死亡，放射性物品进入人体内，伤害更严重。

含有铀、钍、铈或放射性同位素等的试剂，可能发生放射线。

1. 防护措施

(1) 尽量避免使用可能产生放射性的化学试剂。

(2) 必须使用放射性试剂时要严格执行“五双”制度。

(3) 防止放射性物品由消化道进入人体，禁止受污染物品与口腔及食物接触。

(4) 防止放射性物品由呼吸道进入人体，操作人员必须在上风位置工作。工具应分别专用，并防止灰尘飞扬，避免污染扩大。

(5) 防止放射性物品通过皮肤进入人体，工作中应穿戴橡胶手套并避免刺、割伤皮肤。凡有不可密封包扎的伤口者不宜进行操作。工作完毕应先洗涤暴露部位，用温水和肥皂洗手2~3min。

(6) 尽量缩短操作时间。

(7) 带放射性的废物应用专用容器储存并集中处理。

2. 放射性伤害的急救

(1) 皮肤割伤　立即冲洗伤口，再用5g/L EDTA溶液洗涤，并按血液流向反向挤压出可能受到污染的血液，再请医生诊治。

(2) 误吞放射性物品　洗胃或催吐，然后口服相应的沉淀剂如草酸盐、硫酸盐等，也可以服用羧基阳离子交换树脂，以吸收放射性物质，再泻出。

不要服用螯合剂(EDTA等)、蛋白、牛奶等，防止干扰救护。

第四节　安全用电与触电急救

电能是现代能源，具有使用方便，易于控制的特点，而且在使用过程中，不会给环境带来不良影响。故在化验室里广泛应用。但是，电气事故却又往往毫无先兆，必须认真注意。

一、电的性质和危害

1. 电的基本性质

电是一种物理现象，来无影去无踪。电力泄漏不容易察觉。

(1) 有很强的穿透能力，电压越高，穿透能力越强。

(2) 有很强的输送能力，可以在瞬间输送大量的能量。

(3) 有很强的感应能力，可以使导电体产生感应电流。

(4) 电能的释放既可以获得效益，也可以造成破坏，视其释放对象和释放过程的控制程度。

---

❶GB 13690—1992《常用危险化学品的分类及标志》。

2. 电对人体的危害

（1）电伤　通常指对于人体的伤害，包括电外伤（灼伤）、电内伤（电击）及其他，如电光对视力的伤害及触电导致的跌伤等伤害。

电灼伤如累及重要器官或关节可致严重后果，电击可致死。

（2）电击对人体的影响　通过（或接近）心脏或脊柱的电击危害性最大，交流电又比直流电危险，电流越大、时间越长，伤害越大。

3. 触电的形式

（1）单相触电　人体触及带电体的一相，引起触电，电网中性点不接地时受到的电压较小，中性点接地时受到的电压较大。

（2）两相触电　人体触及带电体的两条相线，受到相电压的作用。

（3）跨步电压触电　人进入落地的带电体的电场影响范围，由于电场电位差而受到电击。

工业企业常用三相 380V 工频（50Hz 或 60Hz）电，人体单相触电只承受 220V 以下电压，两相触电则要承受 380V 电压的作用。

二、化验室用电安全要求

为了确保化验室工作人员不致受到电的危害，化验室工作人员必须遵照如下安全用电基本守则。

（1）严格遵守电气设备使用规程，不得超负荷用电。

（2）使用电气设备时，必须检查无误后才可开始操作。

（3）开关电气开关，要使用绝缘手柄，动作要迅速、果断和彻底，以避免形成电弧或火花，及造成电灼伤。

（4）发生电气开关跳闸、漏电保护开关开路、保险丝熔断等现象，应先检查线路系统，消除故障，并确证电器正常无损后，才能按规定恢复线路、更换保险丝，重新投入运行。严禁任意加大保险丝。

（5）电器或线路过热，应停止运行，断电后检查处理。

（6）线路及电器接线必须保持干燥和绝缘，不得有裸露线路，以防漏电及伤人。

（7）实验过程中发生停电，应关闭一切电器，只开一盏检查灯。恢复供电后，再按规定进行必要的 检查后重新送电进行实验工作。

（8）需要使用高压电源时（如电气击穿试验等），要按规定穿戴绝缘手套、绝缘靴，并站在橡胶绝缘垫上，用专用工具操作。

（9）所有电气设备不得私自拆动、改装、改接或修理。

（10）室内有可燃气体或蒸气时，禁止开、关电器，以免发生电火花而引起爆炸、燃烧事故。

（11）定期检查漏电保护开关，确保其灵活可靠。

（12）电气开关箱内，不准放置杂物，并定期进行清洁。禁止用金属柄刷子或湿布清洁电气开关。

（13）发现有人员触电，应立即切断相关电源，并迅速抢救。

（14）每天实验工作结束后，应切断电源总开关。

三、电伤和触电急救

由于电流对神经的刺激作用，触电者往往不能自行摆脱，严重者可能出现心跳呼吸停止

（即"假死"），若不及时抢救，容易造成生命终止。因此，发生触电事故时，应立即采取以下措施。

（1）迅速切断电源开关或拔下电源插头，或用绝缘工具切断电线，或用干木棒、竹竿或用干布裹手将电线移开，使触电者迅速脱离带电体。并注意避免触电者摔伤。

（2）迅速把患者移至安全通风处，松解衣服，使其呼吸新鲜空气，患者神志清醒时，可让其安静休息；神志不清醒者，应请医生诊治；若患者"假死"，应立即施行"复苏术"抢救。

（3）复苏抢救：

① 口对口人工呼吸法：

a. 患者仰卧，解衣宽带，术者先将患者口腔中的假牙、血块和呕吐物清除，使呼吸道通畅。

b. 术者使患者头向后仰，捏鼻（避免漏气），接着术者用嘴紧贴患者嘴大口吹气（约2s），然后放松（约 3 s）。

c. 重复进行操作，每分钟 10～15 次。

② 心脏挤压术：

a. 术者跪患者一侧或骑跪患者身上，两手相叠，掌根放在患者心窝稍高的地方。

b. 掌根用力向下挤压 3～4cm（儿童 1～2cm），挤压后掌根迅速放松，让患者胸部自动复原。放松时掌根不必离开胸部。

c. 每分钟 50～60 次，儿童患者可单手挤压，速度略快些。

（4）复苏抢救应进行至患者被救活或经医生鉴定死亡为止。

第五节 化学试剂的 HSE 管理

化学试剂种类很多，规格不一，用途各异。作为化验工作人员，对化学试剂的规格、常用试剂的性质及使用中的危害因素应有所了解，以便合理选购、正确使用、妥善管理。

一、化学试剂的分类和规格

（一）试剂的分类

化学试剂品种繁多、规格不一。其分类方法目前国际上尚未统一，我国主要有两种分类方法。

1. 按用途－化学组成分类

按我国化学试剂经营目录，将 8500 多种试剂划分为以下 10 类：无机分析试剂、有机分析试剂、特效试剂、基准试剂、标准物质、指示剂和试纸、仪器分析试剂、生化试剂、高纯物质、液态晶体。这种分类方法也被国际许多试剂公司所采用。

2. 按用途－学科分类

按用途－学科进行化学试剂分类，是我国化学试剂分类的又一方法。1981 年我国化学试剂学会按用途－学科将化学试剂分为以下 8 类：通用试剂、高纯试剂、仪器分析专用试剂、有机合成研究用试剂、临床诊断试剂、生化试剂、新型基础材料和精细化学品。

（二）试剂的规格

化学试剂一般是按试剂的用途、纯度或杂质含量的多少来划分规格。我国的试剂规格基本上按纯度划分，化学试剂的纯度分级见表 3－3。

表 3－3　我国常见化学试剂的等级标志和符号

等级	名称	英文名称	符号	适用范围	标签标志
一级试剂	优级纯 （保证试剂）	Guaranteed Reagent	GR	纯度很高，适用于精密分析工作和科学研究工作	绿色
二级试剂	分析纯 （分析试剂）	Analytical Reagent	AR	纯度仅次于一级品，适用于一般定性定量分析工作和科学研究工作	红色
三级试剂	化学纯	Chemically Pure	CP	纯度较二级差些，适用于一般定性分析工作	蓝色
四级试剂	实验试剂 医用生物试剂	Laboratorial Reagent Biological Reagent	LR Br 或 CR	纯度较低，适用作实验辅助试剂及一般化学制备	棕色或其他颜色 黄色或其他颜色

（三）常用化学试剂的成分构成及应用

1. 基准试剂

其纯度最高，又分为如下两种：

（1）第一基准　是由国家认可的机构制作，并经国家计量院鉴定，其主体成分含量保证在 99.98% ~100.02%（100.00% ±0.02%），相当于“国际纯粹化学与应用化学联合会（IUPAC）”的“C 级”化学标准物质，用于标定“工作基准”；

（2）工作基准　一般由经过国家批准的试剂专业生产厂家生产，其主体成分含量保证在 99.95% ~100.05%（100.00% ±0.05%），相当于“IUPAC”的“D 级”化学标推物质，用于容量分析用标准淌定溶液的标定或直接配制。

2. 优级纯试剂

纯度很高，但略低于基准试剂，适用于精度高的分析。

3. 分析纯试剂

纯度次之，适用于精度较高的分析和一般分析。

4. 化学纯试剂

纯度稍低，主要用于物理检验工作中的样品处理，或配制要求较低的中间检验使用的溶液。

此外，市面上还有专门用途的“光谱纯试剂”、“色谱纯试剂”、“低尘”试剂（MOS 试剂）等特种试剂，它们的纯度都很高，通常主体成分都不低于同类试剂中的优级纯试剂的要求，且杂质含量都很低（因用途不同而有不同的要求）。由于未成系列，尚无统一包装标志，它们的包装和标志目前由生产厂家在不与上述 5 类基本化学试剂发生混淆的情况下自行制作。

由于属于不同试剂系列，上述各种“专用”试剂均不得代替“基准试剂”用做容量滴定分析的基准物质。

所有化学试剂的包装标志均应标明试剂名称、产品标准、生产厂家及出厂批号（或生产日期）。

二、一般化学试剂的 HSE 管理要求

化学试剂的物资性管理是化学试剂管理的基本工作。其主要工作内容如下。

1）建立健全的化学试剂管理制度。包括请购、审批、采购、验收入库、保管保养、领用、定期盘点、特殊试剂的退库及过期试剂的报废处理等方面的管理制度，防止化学试剂外流。

2）做好化学试剂的采购、储存量控制：

(1)常用的普通化学试剂通常按季度消耗量采购。其中，使用量较少的试剂可按年度用量采购，用量特别少的试剂(如指示剂等)则以最小包装单位的数量进行采购。

(2) 容易变质的化学试剂尽量少采购、少储存。

(3) 采购试剂的级别必须符合实验要求。不允许用低级别的试剂“升级”使用，为了减少采购品种和数量，可以将高级别的化学试剂少量地用于较低档次的实验。

(4)尽可能避免使用高毒性、高危险性的化学试剂。除非“标准”中有具体的规定，必须使用时也应尽量少采购、少储存。

3）做好化学试剂的验收入库工作：

(1) 化学试剂验收的依据。采购计划、采购单、送货单等。

(2) 验收程序。审核单据，单货核对，质量点验。验收过程中应坚持“以单为主，以单核货，选项对列，件件过目”的基本原则，避免差错。

(3) 验收要求。凡入库的化学试剂必须单、货相符，品种、规格、数量一致，包装完好、标签完整、字迹清楚、无泄漏、水湿现象，液态试剂应无沉淀物并呈现与标签所规定的性状均匀状态，固体试剂应无吸湿、潮解现象；不合要求的化学试剂不得入库，不能退换或移作它用的试剂，应做报废及销账处理。

(4) 定位保管。根据试剂的种类和性质，分门别类地于指定位置存放保管，基准试剂和标准试样应专柜存放，其余试剂按规定分类存放。

(5) 办理入库手续。经过验收的化学试剂应及时办理入库手续，登记入账，以便迅速投入使用。

4）做好化学试剂的经常性的保管保养工作：

(1) 经常检查储存中的化学试剂的存放状况。发现试剂超过储存期或变质应及时报告，并按规定妥善处理(降级使用或报废)和销账。在正常储存条件下，一般化学试剂储存不宜超过 2 年，基准试剂不超过 1 年。

(2) 避免环境和其他因素的干扰。所有化学试剂一经取出，即不得放回原储存容器；属于必须回收的试剂或指定需要“退库”的试剂，必须另设专用容器回收或储存；具有吸潮性或易氧化、易变质的化学试剂必须密封保存，避免吸湿潮解、氧化或变质。

(3) 定期盘点、核对，发现差错应及时检查原因并报主管领导或部门处理。

5）一般化学试剂的分类存放：

(1) 无机物。按盐类、氧化物(均按元素周期表分类)、碱类、酸类等类别分别存放。

(2) 有机物。按官能团，如烃、醇、酚、酮等分类存放。

(3) 指示剂。按酸碱指示剂、氧化还原指示剂、其他指示剂、染色剂等分类存放。

化学试剂种类繁多，要求管理人员必须具备从事化学试剂管理的必要知识，包括常用试剂的性状、用途、一般安全要求、报废试剂的处理及消防知识。

三、危险性化学试剂的 HSE 管理

危险性化学试剂是具有较高化学活性的化学物质，如易燃易爆、腐蚀、毒害、放射性等有害于人和环境的一系列的“烈性”化学物质，其“活性”之高，甚至可以自行分解并威胁生命财产安全，必须认真对待。由于多数的分析化验工作或多或少地需要使用带有危险性的试剂，因此化学试剂的管理，很大程度上是对危险性化学试剂的安全管理。

根据国家的有关规定，危险性化学试剂的包装上均带有危险性标志、危规编号。在相关

的试剂手册中也有文字说明。危险性化学试剂管理的基本原则如下。

1）危险性化学试剂应由经过充分训练的专职人员管理。

2）危险性化学试剂必须存放于专用的危险试剂仓库里，并分类分别存放在不燃烧材料制作的柜、架上。

3）易燃易爆化学品应储存于主建筑外的防火库里，并根据储存危险物品的种类配备相应的灭火和自动报警装置。

(1) 爆炸性物品储存温度不宜超过 30℃。

(2) 易燃液体储存温度不宜超过 28℃。

(3) 低沸点极易燃液体宜于低温下储存(5℃以下，但禁用有电火花产生的普通家用电冰箱储存)。

(4) 各种气瓶应直立存放于专用独立的、“气瓶室”，并按气体分类分隔存放。

(5) 爆炸性物品宜另库单独存放，数量很少时，可把瓶子放在装有干砂的开口容器内，再放置于对其他物品干扰最小的地方。

4）装卸搬运危险性化学试剂时，应轻拿轻放，严禁摔碰、撞击和强烈震动，严禁肩扛背负。

5）拆卸危险性试剂的外包装时忌用蛮力，以防内包装破裂。

6）开拆易燃易爆品的包装箱时，不可使用能够产生火花的钢铁质工具。

7）凡有隔离剂的试剂(如黄磷、金属钠等)，要确保隔离剂质量、数量和隔离效果。

8）挥发性、腐蚀性试剂应密封保存，有条件时宜另库存放。

9）爆炸性物品、剧毒性物品和放射性物品，应按规定实行“五双”制度(双人保管、双人收发、双人领用、双本账、双人双锁)管理。

10）所有种类的危险性试剂的“物资性”管理(验收、领用、保管保养、盘点检查等)均应从严掌握，以确保安全储存，杜绝危险物品外流。

规模较小的实验室，在储存的危险性化学试剂的数量很少时，允许与普通化学试剂同库储存，但仍须按其特性分类分别存放于不燃烧或难燃烧材料制作的储物柜(或架子)上，特别是遇湿易燃物品的储放，必须特别防护，防止万一发生火灾时与灭火剂发生反应引发新的危险。

具有化学危险性的试剂与普通试剂同室储存时，仍须严格按危险性试剂管理要求进行管理。

四、化学试剂溶液的 HSE 管理

化学试剂溶液是分析化验工作必不可少的操作物质，其有效性对分析化验结果具有举足轻重的影响，因此必须认真管理。化学试剂溶液的管理要点如下。

(1) 化学试剂溶液应放置于牢固的储物架上，以保安全。

(2) 化学试剂溶液的放置应排列整齐有序，并可方便地取用。

(3) 化学试剂溶液应避免受热和避免强光，见光容易分解的试剂应以棕色瓶盛装，最好能再加遮光罩。

(4) 化学试剂溶液储存应注意避免环境因素影响。

(5) 所有化学试剂溶液均应粘贴有标签，标明试剂溶液的名称、浓度和配制时间。标签大小应与试剂瓶大小相适应，字迹应清晰、书写端正，并粘贴于瓶子中间部位略偏上位置，使其整齐美观，标签上可以涂以熔融石蜡保护。

(6) 化学试剂溶液浓度应按法定计量单位要求标注。

(7) 所有标准溶液均应按照现行国家标准方法制备。滴定分析(容量分析)用标准溶液，杂质测定用标准溶液和试验方法中所用制剂及制品，必须按照 GB 601、GB 602 及 SH/T 0079 等标准规定的方法配制和标定。

凡标准中规定用“标定”和“比较”两种方法测定浓度的标准溶液，不得略去其中任何一种，并且两种方法测得的浓度值之差不得大于0.2%，以标定为准。否则应重新测定。

(8) 标准溶液必须有标定(或配制)人员签署，标准溶液应在标签上标注标定(或制备)的时间和室温，标准溶液的“有效期(或复核周期)”等，标定(或配制)人员应签署名字以示负责(规定由二人负责测定或配制者应二人签署)。

(9) 所有化学试剂溶液必须在其有效期内使用，GB 601 规定一般滴定分析用标准溶液在常温(15~25℃)下，保存期不宜超过两个月。在其他温度下保存，或使用时的室温与标定时的室温相差超过5℃时，应根据实验的精度要求考虑重新标定。

容易变质的化学试剂溶液(如亚铁盐溶液等)，使用期限应适当缩短。

(10) 凡变质的化学试剂溶液不得继续使用，并应及时处理。

(11) 凡从溶液储存器取出的标准溶液不许倒入原储存器，以免造成污染或干扰。

(12) 贵重或有毒害的化学试剂溶液(及废液、废渣)应予以回收。对于需要回收的溶液必须回收，并集中处理。

五、其他“化学类”物资的 HSE 管理

在化验室内除了化学试剂以外，还经常使用一些用于非检验性的化学反应或其他用途的化学物质。

1. 清洗剂

1) 酸性化学洗液

① 铬酸洗液　由铬酸酐加浓硫酸组成，强的氧化性；

② 工业盐酸　具有强腐蚀性；

③ 稀释酸洗液　1:1(或1:2)的盐酸或硝酸，具有强腐蚀性；

④ 硝酸-氢氟酸洗液　1:2:7 氢氟酸-硝酸水溶液，特殊用途洗液，具有强腐蚀性和氧化性；

⑤ 酸性硫酸亚铁洗液　含少量硫酸亚铁的稀硫酸，具有强腐蚀性，用于清除高锰酸钾迹；

⑥ 草酸洗液 100g/L 草酸溶液，弱酸性洗液，用于清除高锰酸钾之残迹；

2) 碱性化学洗液

① 氢氧化钠洗液 100g/L 氢氧化钠水溶液，具有强腐蚀性；

② 氢氧化钠-乙醇洗液 120g 氢氧化钠溶解于 1L 70% 乙醇中，具有强腐蚀性；

③ 碱性高锰酸钾洗液　40g 高锰酸钾与 100g 氢氧化钠加水至 1L，具有强腐蚀性和强氧化性。

3) 其他化学洗液

① 碘-碘化钾洗液 10g 碘与 20g 碘化钾加水至 1L，用于清洗硝酸银污迹；

② 硫代硫酸钠洗液 100g/L 硫代硫酸钠溶液，用于清洗碘污迹；

③ 有机溶剂　汽油、二甲苯、乙醚、丙酮等，用于清洗有机物，具有燃烧性。

4) 普通清洗剂

包括各种固体(粉状)或液体洗涤剂，常用于较清洁的仪器洗涤。

2. 浴油类

浴油是用于均匀传递热量的物质，要求具有较高的传热能力和热稳定性。

化验室常用的浴油主要有甘油(丙三醇)、石蜡和润滑油，这些物质虽然具有较高的热稳定性，但均属可以燃烧的物质，不能在过高温度下工作。

3. 其他化学材料

1) 塑料制品　化验室常用的塑料制品主要有聚氯乙烯、聚乙烯、聚丙烯、聚四氟乙烯、聚甲基丙烯酸酯(有机玻璃)等，具有良好的耐腐蚀性能、电绝缘性能，但耐热性及机械强度较差，使用时必须注意其适用性，常用于制作仪器护罩、支架、容器等。

2) 橡胶制品　橡胶制品具有较好的弹性、耐腐蚀性，主要用于做防震材料、防腐蚀垫板、软管、手套以及机械传动胶带等辅助用途。

3) 化学纤维制品　通常化学纤维制品具有耐腐蚀，耐磨损等特性，可以用于防护网、罩等物品或某些试验材料。

使用塑料、橡胶或化学纤维制品时还要注意避免受热、阳光曝晒等不良因素导致的老化，甚至起火燃烧。

非直接使用于分析化验的化学物质往往被人们所忽视，而其中并不乏危险性物品，其安全性仍然须认真对待，除了在使用中要注意正确使用和做好防护以外。使用后的废液、废渣及其他废弃物等也必须进行处理以消除其危险性，并避免造成环境及其他方面的损害。

第六节　常用仪器设备的 HSE 管理

一、仪器设备的 HSE 管理

1. 仪器设备管理对实验人员的基本要求

(1) 掌握仪器设备的基础理论知识，熟识仪器设备的工作原理和结构、性能、适用范围、安全规范、保养要求和保养方法。

(2) 熟悉各种实验的目的、要求和实验注意事项。

(3) 熟练掌握仪器设备的实际操作技能，能够正确使用和操作，能够排除故障，能正确处理紧急情况，能正确安装、拆卸所用仪器设备的配件和附件，能够进行一般的保养和维护。

(4) 有高度的责任心和严肃认真、实事求是的工作态度，具有良好的职业道德，认真做好使用记录。

对于未能达到要求的实验人员，应进行培训或者送出进修。

2. 仪器设备的验收

1) 仪器设备验收的意义

仪器设备的验收是仪器设备购置过程的结束，也是设备常规管理的起点。仪器设备的验收过程也是了解设备技术状况、建立原始档案的过程。通过对仪器设备的验收工作，人们可以对仪器设备的实际性能有更多的认识，对于未能达到规定的技术要求的仪器设备，可以及时地退还供应商，避免经济损失。

因此，仪器设备的验收，是仪器设备投入实验工作前的一个十分重要的环节。

2) 仪器设备验收的程序和要求

从仪器设备验收的意义中，可见验收工作是一项技术性很强的重要工作，必须有一套完善的验收程序。

(1) 准备工作　验收的准备工作包括人力、技术资料和场地的准备。

由于仪器设备属于高科技产品，要求验收人员具有较高的技术水平，通常需要由有丰富使用经验的工作人员或者是资深工程技术人员，对拟验收的仪器设备进行检查。仪器设备的验收检查重点在于检测性能和测量精度，因此必须有可以进行试样测试的场地。

此外，还要准备有准确已知量值的(即具有某量的“约定真值”)标准试样和实样，以供进行仪器设备的性能测试和校核。

进口仪器设备的验收，应有国家指定的法定检验机构派出的专家参加。

(2) 核对凭证　核对凭证的目的是检查到货与采购物资与凭证是否相符。以确保购进的仪器设备与拟采购的仪器设备相符(包括生产单位、型号、规格、批号、数量等与采购单据是否一致)，同时检查到货物资技术资料所显示的性能与需要物资的技术指标是否一致。

(3) 实物点验　实物点验通常分两步进行。

a. 数量点验和外观检查　检查物资的数量以及外观是否完好，仪器设备属于高档商品，一般情况下不允许存在外观上的损伤。数量点验还包括配套件是否齐全、完好。

b. 内在质量检查　仪器设备的内在质量检查，通常的做法是进行试用。试用检验包括使用标准试样和实样检验试验，二者的差异在于实样存在“干扰因素”，可以检查仪器设备的“抗干扰能力”。这对于企业生产检验具有重要意义。

大型或者贵重精密仪器设备，通常由生产厂家或供应商派出专家指导安装并进行调试，调试完成后再由采购单位进行实地技术验收。

(4) 建账归档　所有验收工作完成后，要对被验收的仪器设备建立专门的账目和档案，移交使用并进行日常运行管理。

3) 仪器设备验收中几个问题的处理

(1) 物、证不符　一种是物资与采购单不符，应予以退货(换货)；另一种是物资与采购单相符，但随货资料不符，应迅速与供货单位联系，物资则暂存待验，待资料齐全后再作正式验收。

(2) 验收不合格，应予以退货。

(3) 属于生产厂家或供应商负责调试的，如达不到要求，应要求厂家或供应商换货，重新调试，并根据实际情况酌情索赔。

(4) 由于其他因素延误验收的，应根据实际情况迅速向有关方面交涉，并酌情索赔。和所有的物资管理一样，仪器设备的验收必须认真、准确、及时。除了另有约定以外，所有验收程序必须在规定的“索赔期”完成(特别是进口物资)，以免造成经济损失。

3. 仪器设备的技术档案

1) 技术档案的种类

仪器设备的技术档案包括以下两种。

(1) 原始档案：包括申请采购报告、订货单(合同)、验收记录及随同仪器设备附带的全部技术资料。

(2) 使用档案：

a. 运行工作日志及运行记录。

b. 仪器设备履历卡，内容包括故障发生的时间、故障现象、原因、处理等记录；维修记录；检定证书(或记录)；质量鉴定及精度校核记录；改造(改装)记录等资料。

2）技术档案的要求

(1) 仪器设备的技术档案应于申请采购时即建立。

(2) 仪器设备的技术档案必须收录所有与该仪器设备有关的技术资料，包括主要生产厂家或供应商的产品介绍资料、说明书等书面材料。

(3) 仪器设备在验收到报废的整个寿命周期中，发生的所有的现象及其处理均应详细如实记录，并按发生时间先后次序归档(特殊状况者可以另列专项目录，以方便查问)。

(4) 所有仪器设备技术档案必须妥善保管，不得随意销毁。属于报废或淘汰的仪器设备的技术档案的处理，应报告企业主管部门，并按批复进行处理。

4. 仪器设备的保管

(1) 化验室应建立健全仪器设备的保管制度。

(2) 化验室的仪器设备无论是投入运行还是储存状态，均应有指定人员负责保管。

(3) 仪器设备的保管人员应同时负责仪器设备的日常维护、保养工作，负责日常运行档案的记录工作，并对仪器设备的状况有明确的了解。

(4) 凡发现仪器没备运行异常，应及时停止运行，避免仪器设备在继续运行中发生更大的损坏。并应及时报告有关主管部门，组织检查维修。需要启动备用仪器设备的，应及时启动备用装置，以免影响分析化验工作。

(5) 凡需要定期进行计量检定的仪器设备，保管人员应根据仪器设备状况定期申报检定。凡发现仪器设备计量异常，应随时报告，并根据实际情况申报临时报修和送检，以确保仪器设备的计量特性准确可靠。

(6) 对暂时不用的仪器设备，应封存保管，并定期清扫、检查，做好防尘、防潮、防锈等维护工作，以保护封存仪器设备不致损坏。对不再使用或长期闲置的仪器设备，要及时调出，避免积压浪费。

(7) 对不遵守有关规定使用仪器设备者，保管人员应及时提出意见，避免发生损坏。不听从劝告者，应予批评。对设备造成损坏者应追究当事人事故责任。

(8) 保管人员玩忽职守，导致仪器设备损坏，应追究事故责任。

5. 仪器设备的使用

1）仪器设备的合理使用和充分利用

仪器设备的合理使用，是延长仪器设备的使用寿命、保持仪器设备的应有精度、提高使用效率的重要保证。合理使用仪器设备必须做到以下几点。

① 合理安排仪器设备的任务和工作负荷　严禁仪器设备超负荷运行，也不要用高精度仪器设备“干”粗活(尤其是长时间在低性能要求下运行)，既浪费了仪器设备的精度，也增加了仪器设备的损耗。

② 配备熟练的操作人员　从事仪器设备操作的工作人员应经过必要的技术培训，考核合格方能上机操作。大型精密仪器设备更应从严掌握。

③ 建立健全操作规程及维护制度，并严格执行。

④ 为仪器设备提供良好的运行环境　根据仪器设备的不同要求，采取适当的防潮、防尘、防振、保暖、降温、防晒、防静电等防护措施，以保证仪器设备正常运行，延长使用寿命，确保实验安全、数据可靠。

⑤ 仪器设备一旦投入使用，应充分利用　只有充分利用仪器设备，才能最大程度地发挥资金的投资效益。但是，不要因为还有闲置的同类型设备便实行轮换使用，甚至连“备用”设备也投入运行，致使所有仪器设备同时“衰老”，失去“备用”仪器设备的后备作用。

⑥ “备用”仪器设备必须经常保持优良的备用状态　“备用”设备应定期进行必要的“试运行”和性能检测，确保其工作性能稳定。

2）仪器设备使用状况考核

① 仪器设备的完好率　实验仪器设备的完好率反映了实验室设备管理水平和实验人员的操作水平，以及仪器设备的维护保养技能的实际水平。由于实验室担负着质量检验和质量监督职能，因此实验室的仪器设备的完好率必须保持在优良状态。

凡低于规定完好率的仪器设备，如无法修复，则禁止继续使用，必须及时淘汰。

② 仪器设备的利用率　实验室仪器设备的利用率一般不作考核，但是在现有仪器设备利用率不高的情况下，若再采购同类型设备时应认真核实，避免浪费。

正确使用化验室的仪器设备，是实施化验室职能的基本保证。

6. 仪器设备的事故管理

1）仪器设备事故的概念

仪器设备因非正常运行的损耗而致性能下降者，应视为设备事故。

缺乏必要的保养和维护，使仪器设备工作条件变劣；仪器设备的超负荷工作；违反规定的操作规程，导致仪器设备的意外破坏等，均是仪器设备事故的重要原因。

2）仪器设备事故处理的基本原则

① 立即组织事故分析和不失时机地组织抢修及其他善后工作，尽量把损失减到最小，争取仪器设备尽快恢复运行。重大设备事故应及时报告上级主管部门，并保护好事故现场。

② 处理事故要坚持“三不放过”原则，即：事故原因分析不清不放过；事故责任者和有关人员末受到教育不放过；没有采取防范措施不放过。

③ 在事故原因未查明以前，切不可草率开机，以免扩大事故及损失。

④ 凡因责任原因造成的损失，应追究当事人的责任，并视情况确定当事人的赔偿额。

⑤ 对重大事故要严肃处理。对故意破坏现场以逃避责任者，应加重处理。

二、仪器设备的维护保养

1. 仪器设备维护保养的意义

仪器设备在运行过程中，由于种种原因，其技术状况必然会发生某些变化，可能影响设备的性能，甚至诱发设备故障及事故。因此，必须及时发现和排除这些隐患，才能保证仪器设备的正常运行。

通常，仪器设备运行过程中，人们采取“维护保养”的手段去消除这些事故隐患。

2. 维护保养的内容和要求

1）在用仪器设备的日常保养

① 对仪器设备做好经常性的清洁工作，保持仪器设备清洁。

② 定期进行仪器设备的功能和测量精度的检测、校验以及“磨损”程度的测定。

③ 定期地润滑、防腐蚀，做防锈检查，及时发现仪器设备的变异部位及程度，并作出相应的技术处理，防患于未然。

2）“封存”仪器设备的保养

① 凡属于“封存”的仪器设备，在封存以前必须进行全面的检查，并对其进行“防潮、

防锈和防腐蚀”的密封包装，予以“封存”。

② “封存”的仪器设备应存放在清洁、干燥、阴凉、没有有害气体和灰尘侵蚀的地方(储物柜或架子上)。

③ 经常检查“封存”仪器设备的存放地点，如发现保存条件有变化，应适当“拆包”检查，长期“封存”的仪器设备也应定期“拆包”检查，以及时采取措施予以维护。

3）备用仪器设备的保养

① 备用的仪器设备，一般情况下是不运行的，因此可以像“封存”仪器设备那样进行“防潮、防锈和防腐蚀”处理，但不需要密封，而改用活动的“罩”或“盖”，把仪器设备与外界分隔开来即可。

② 备用的仪器设备必须定期进行“试运行”，以检查其工作性能，确保其处于优良状态。发现备用仪器设备有性能变劣现象时，除了及时予以维修以外，应迅速查找原因，并及时予以消除，以确保备用仪器设备的“备用”作用。

4）仪器设备保养的要求

① 制订仪器设备的保养制度，做到维护保养经常化、制度化并与化验室的清洁工作结合进行，责任落实到人。

② 仪器设备的保养应坚持实行“三防四定”：防尘、防潮、防振和定人保管、定点存放、定期维护、定期检修。

③ 大型和重点仪器设备要规定“一级保养”和“二级保养”等维护保养工作周期、时间，列入工作计划并按期实施。

3. 仪器设备的改造

(1)“改造”对象：自身价值较高、使用寿命较长、技术性能比较完善的大型、高精密度或贵重仪器设备。

这类仪器设备自身综合性能通常都比较好，而且在设计的时候预留有较多的余地。可以通过连接一些新配件调整其工作性能，其中有些已经应用于新出厂的同型号(或者相邻型号)的仪器设备上，并因此获得更好的检测性能。

(2) 仪器设备改造的实施：为了使经过改造的仪器设备获得预期的技术性能和测试效果，实施“改造”的时候，通常应会同原仪器设备的制造厂家的技术人员或专家一起进行工作。

经过“改造”的仪器设备应重新进行技术鉴定。对于无法通过“改造”修复，又不能降级使用的仪器设备，按规定更新，“淘汰”型号的仪器设备一般不再进行改造“保级”。

三、精密仪器的 HSE 管理

1. 精密仪器的概念

“精密仪器”是与一般仪器比较而言的概念。通常人们把能够进行“半微量”成分分析测定，并且仪器的刻度细分至全量程的1% ~0.5%(还可以再估算到0.1%)，实际测量读数误差在全量程的1%以内的分析测试仪器称为精密仪器。

2. 精密仪器的分类

(1) 普通精密仪器　与大型仪器比较，普通精密仪器通常是指体积比较小，结构比较简单，功能也比较单一，方便携带和收藏，在工作的时候占用实验台面积有限的独立的单体仪器。普通精密仪器在使用时一般不需要专门配套设施。

在一般化验室里最常用的普通精密仪器主要有：分光光度计、酸度计、自动电位滴定仪、电导仪等。

(2) 大型仪器设备 大型仪器设备实际上只是一种动态的“概念”。过去国家有关规定列出目录，但是随着科学技术的发展，一些过去的“大型”仪器，如今很多已经“小型”化了；而某些过去的“小型仪器设备”，可能由于新技术使它们能够互相衔接，并形成新的综合实验能力，又可能变为新的“大型”仪器。

大型仪器通常需要有专用的试样预处理配套设施，如试样分解、分离、辅料的配合、压片或者其他的处理过程。因而，常需要占用比较多的实验空间，甚至专用的独立实验室(如X衍射荧光分析仪等)。

就一般的生产企业来说，形体较大，占用实验室(台)面积较大的仪器设备，都可以“定性”为大型仪器设备。

常见的大型分析测试仪器有：原子吸收分光光度计、原子发射光谱、核磁共振波谱仪、“色－质”联立分析系统、电子显微镜、X衍射荧光分析仪等。

3. 精密仪器设备的使用

精密仪器通常都要求灵敏度比较高，结构比较小巧，也就使这类仪器具有比较“娇贵”和“脆弱”的持点。因此，在使用过程中除了必须避免环境振动以外，还要注意避免不适宜的温度、湿度、电源电压波动、外电场、磁场，甚至“天电”等干扰因素的影响，并小心操作，更不得有动作粗暴、强行启动等可能导致仪器设备损坏的行为。

为了保证分析测试结果的可靠性，在使用仪器进行测量的时候，必须事先用“标准物质”或“标推试祥”对仪器进行“标定”，或者进行“对照试验”。

4. 精密仪器设备的安全管理要求

(1) 除了在使用和保管条件上应根据不同精密仪器各自的特定要求从严掌握和控制以外，一般仪器设备的管理制度同样适用于精密仪器设备。

(2) 精密仪器设备通常属于“计量仪器”系列，必须遵守计量一切的管理规范要求，定期进行检定或校验，以确保其计量调试性能。

5. 大型仪器设备的使用和管理

大型仪器设备由于形体较大，结构较为复杂，不能随便移动，必须独立使用专用实验室(台)，同时这类仪器设备的运行往往需要较多的配合条件，保管养护也比较因难，需要具有较高技术水平的专业人员进行专人负责使用、保管和养护。

精密仪器设备的管理要求也同样适用于大型仪器设备。

由于大型仪器设备一般都有比较特殊的“个性”，通常都要求单独制订管理、保管、保养和操作规程，逐台仪器设备独立建档，并指定专人负责管理。

为了使大型仪器设备能够得到较好的管理、维护和保养，并充分发挥作用，通常都将大型仪器设备放置在专门的实验室里、配套专用的样品处理间甚至专门的数据处理室。条件较差的也应安置于专用实验台，并加玻璃屏墙分隔。

四、玻璃仪器的 HSE 管理

1. 玻璃仪器的特点

玻璃仪器是一类以玻璃为主要原料制作的实验仪器，其自身特性决定了玻璃仪器有如下特点：

(1) 很高的化学稳定性、热稳定性；

(2) 很好的透明度；

（3）良好的电绝缘性；

（4）具有一定的机械强度，耐磨性好；

（5）表面光洁、粘附性小、易于清洁；

（6）在一定的温度下可以进行加工，可以根据需要自行制作仪器或配件。

2. 常用玻璃仪器及应用

（1）高硼硅酸盐特硬质、硬质玻璃　主要用于制作加热用玻璃仪器，如烧杯、烧瓶、蒸馏瓶等“烧器”类仪器。

（2）软质仪器玻璃　主要用于制作形状复杂或几何尺寸要求高的仪器，如冷凝管、滴定管、容量瓶及容器类等仪器。

（3）石英玻璃　属于特种玻璃，具有比高硼硅酸盐玻璃更高的热稳定性，可以耐受数百度温差的急冷急热，并可以在1100℃下工作。主要用于制作要求更高的“烧器”类仪器，或者要求在较高温度下工作的仪器。

由于“硅酸盐”不能耐受氢氟酸，所以玻璃仪器不能进行含有氢氟酸的实验。长时间接触强碱（特别是浓的或热的强碱），也可能使玻璃仪器（或玻璃容器）受到侵蚀。

3. 一般玻璃仪器的安全管理要求

（1）建立玻璃仪器的采购制度。

（2）玻璃仪器入库应分类分别存放，避免受压或碰撞损坏。

（3）玻璃仪器易破碎，使用时必须轻拿轻放，忌用暴力，避免撞击、敲打和重压。

（4）除“烧器”类玻璃制品可以直接加热（一般也应加石棉网垫）以外，其余玻璃制品只能使用水浴加热，且受热部位不能有气泡、印痕或者器壁厚薄不均匀的现象。

对玻璃仪器的加热需缓慢升温，避免急冷急热。精密量器类玻璃仪器不能加热和烘干。不可将热的液体倒进厚壁的玻璃仪器（或容器）内。

（5）不要使用硬物在玻璃仪器上划痕，以免破坏玻璃结构。使用玻璃棒时也不要磨、刮仪器器壁。

（6）不得用玻璃仪器进行有氢氟酸的实验，不要用玻璃仪器长时间储放强碱性物质，尤其是浓碱。

（7）玻璃仪器在使用前，必须进行清洗，不用的仪器应使其晾干，并不得有残存物，再用纸小心包裹好存放。使用具有强侵蚀性的强酸性或强碱性洗液时，必须彻底清洗，避免残留。

（8）成套的玻璃仪器应成套储存，玻璃器件之间应用软纸包裹分隔，并编号存放。

（9）凡带“磨砂”接头的玻璃仪器，在存放时应在“磨砂”处加一纸垫片，防止咬合粘结。

（10）重要的玻璃仪器，应进行编号，以便于管理。

4. 常用精密计量玻璃仪器的安全管理要求

（1）精密计量玻璃仪器属于精确计量器具，必须严格遵守计量管理规程和使用规范。

（2）定量分析使用的精密计量玻璃仪器，必须使用获得国家认证的仪器厂家生产的，符合 JJG196《常用玻璃量器国家检定规程》规定的技术要求，并带有“MC”标志的产品。

（3）精密计量玻璃仪器在使用前必须认真清洗干净，确保不存在影响容量计量和相干扰实验的杂物。

（4）精密计量玻璃仪器在使用前必须认真按照 GB/T 12810/ISO 4787《实验室玻璃仪器　玻璃量器的容量校准和使用方法》进行计量校正，并定期进行校验，以保证其计量值的可靠性。经过校正的精密计量玻璃仪器，应予以“编号”，以便识别。

(5) 精密计量玻璃仪器在使用中，除了必须遵守一般玻璃仪器的使用要求外，还禁止储存浓酸、浓碱和使用烘干法进行仪器的干燥(确有必要烘干者，应重新进行校正)。

(6) 精密计量玻璃仪器的一般管理，参照一般玻璃仪器的管理相关条款。

第四章　石油产品取样与常用理化指标评定中的危害与控制

第一节　石油产品取样的危害与控制

我国石油产品取样方法包括四类。

第一类是石油及液体石油产品的取样。执行的标准有 GB/T 4756—1998《石油液体手工取样法》和 SH/T 0635—1996《液体石油产品采样法(半自动法)》。前者等效采用 ISO 3170—1988《液体石油取样法》，适用于从固定油罐、铁路罐车、公路罐车、油船和驳船、桶和听或从正在输送液体的管线中采取液态烃、油罐残渣和沉淀物样品的方法，取样时，要求储存容器(罐、油船、桶、听等)或输送管线中的油品处于常压范围，且油品在环境温度至 100℃之间应为液体；后者规定了从立式油罐中采取液体石油和石油化工产品试样的方法，对于原油和非均匀石油液体用半自动法所取试样的代表性较好。

第二类是固体和半固体石油产品的取样。执行标准 SH/T 0229—1992(2004)《固体和半固体石油产品取样法》，该标准参照采用 ГОСТ 2517—1969《石油产品取样法》。

第三类是石油沥青的取样。石油沥青作为一类产品具有特殊性，其取样方法执行 GB/T 11147—1989《石油沥青取样法》，该标准参照采用 ASTM D 140—1970(1981)《沥青材料取样法》。

第四类是液化石油气取样。液化石油气是指在环境温度和压力适当的情况下，能以液相储存和输送的石油气体。其主要成分是丙烷、丙烯、丁烷和丁烯，带有少量的乙烷、乙烯和戊烷、戊烯。通常是以其主要成分来命名，例如，工业丁烷和工业丙烷，液化石油气取样属于带压液体取样，目前执行 SH/T 0233—1992《液化石油气采样法》。

本节重点讲解石油及液体石油产品取样中的危害因素与控制。

一、取样设备的危害与控制

(1) 降落取样器具用的绳子应是导电体。它不得完全用人造纤维制造，最好用天然纤维，例如马尼拉麻或剑麻制造。

(2) 用在可燃性气氛中的便携式金属取样器具应用不打火花的材料制造。

(3) 取样者应有运载取样器具的托架，以便至少有一只手是自由状态。

(4) 用于电分级区域的照明灯和手电筒应是被批准的型式。

(5) 为了防护与被取样物料有关的全部已知危险，取样者应穿戴上适当的衣服和装备。

(6) 如果被取样产品的雷德蒸气压(RVP)在 100kPa 和 180kPa 之间，样品瓶应用一个金属盒保护起来，直到样品废弃为止。如果超过了 180kPa，只应使用制造时包括所涉及压力的金属取样器。

(7) 不应在气密性容器中加热挥发性样品。

二、取样地点的危害与控制

(1) 取样点应是在能够以安全的方法取得样品的地方。与取样有关的任何潜在危险都应清楚地注明，并建议安装压力表。

(2) 应由主管人员经常保养和定期检查取样点和取样设备，并记录检查结果。

(3) 到取样点的安全通路应有充足的光线。保持通路梯、楼梯、平台和栏杆在结构上的安全状态，并由主管人员定期检查。

(4) 为了排放和冲洗的需要，应装有足够的和安全的排放设施。

(5) 设备上的任何泄漏或故障都应立即向主管人员报告。

(6) 浮顶油罐，只要可能，都应从顶部平台取样，因为有毒和可燃的蒸气会聚集在浮顶上方。当必须下到浮顶取样时，除非浮顶上方的大气经过检验证明是安全的，至少应有两人戴上呼吸器在现场。第二个人或其他人员应站在楼梯头处，以便可以清楚地看到浮顶上的取样者。取样者下到浮顶取样后，应尽快回到楼梯头处。

可使浮顶上方的空气变得危险的某些条件是：

① 产品含有硫化氢和挥发性硫醇；

② 浮顶没有完全起浮；

③ 浮顶密封失效。

三、取样过程中的危害与控制

1. 遵守危险区域的安全规程

石油产品取样须在油库、加油站、铁路栈台等危险场所进行操作，这就要求化验人员熟悉危险区域的全部安全规程，掌握被取样物料的性质并仔细分析已知危险，避免取样工作中的潜在危险。

2. 戴好防护用具

在取样期间应注意避免吸入石油蒸气，戴上不溶于烃类的防护手套。在有飞溅危险的地方，应戴上眼罩或面罩。

3. 防止静电失火

为了避免静电危险，在罐内可燃烃类的储存温度高于其闪点时，或者在罐内已产生烃蒸气的易燃气氛或油雾时，应遵循下列注意事项。

(1) 储油罐、公路罐车、铁路罐车、油船或驳船在装油期间不应取样，尤其是在盛装新精制的挥发性产品时，会使油罐上部空间的易燃蒸气－空气混合物增加。

(2) 取样时，为防止打火花，在整个取样过程中应保持取样导线牢固地接地，接地方法一是直接接地，一是与取样口保持牢固的接触。

(3) 当采取在接近或高于其闪点温度下充装的新精制的挥发性产品（包括煤油和粗柴油）的样品时，必须在完成转移或装罐 30min 后，才能向油罐中放入导电的取样器具。

如果有下列情况之一，可以在装油后 30min 之内取样：

a. 浮顶油罐，在开槽的计量管内取样；

b. 固顶油罐，装有接地的浮盖；

c. 产品含有足够的抗静电添加剂，保证总电导率大于 50pS/m，并在无油空间没有油雾，或细粒形成，见注①。

注①：抗静电添加剂能够增加烃类液体电导率，避免静电荷聚集。总电导率应大于 50pS/m。在这个电导率下，液体中聚集的电荷的释放时间是很短的，电荷几乎在形成时就消失。因此，只要在无油空间没有油雾或细粒形成，就可以不用延长时间甚至正在充油时都可以进行检尺和取样。带电荷的小滴能存在于油雾或细粒中，且会产生静电荷的聚集，与液体产品中抗静电添加剂的存在无关。

(4) 在可能存在易燃气体的区域不得穿能打火花的鞋。建议在干燥地区不要穿胶鞋。

(5) 应穿防静电的衣服，不得穿人造纤维制品的衣服。

(6) 在大气电干扰或冰雹暴风雨期间不得进行取样。

(7) 为了使人体上的静电荷接地，在取样前，取样者应接触距离取样口至少 1m 远的油罐上的某个导电部件。

4. 遵守操作规程，以免影响测定结果准确性

(1) 样品不应包括不是被取样的物料，如必须把样品从取样器转移到容器中时，必须遵守适当的注意事项，以保持样品的完整性，见注②。

注②：转移样品一般会有下列影响：a. 轻组分损失(影响密度和蒸气压)；b. 油品有关性质和污染物改变，例如水和沉淀物。

(2) 取样人员应完全了解取样方法。为了保证样品尽可能地代表被取样的物料，并适用于要求的试验，必须正确而清楚地确定取样和处理方法：当采取用于某些试验的样品时，需要特别地小心，并应严格遵守正确韵取样方法，以确保试验结果有意义。这些额外的注意事项不是本标准的一部分，而应列于有关的试验方法或产品规格中。

(3) 不应从未打孔的静止管、导向柱或立管中采取样品，因为未打孔管中的内含物对油罐中相同深度或管外相对位置的大量内含物一般没有代表性。

静止管、导向柱或立管样品只应从已打孔的管中采取，因为管内外的油品可以自由流动，见注③。

注③：一行直径 25 mm、间距 300 mm 的孔一般就足够管内外油品的自由流动了。

(4) 为了处理样品，所使用的取样器具、容器和接受器都应是不渗透的，并能抗溶剂作用。

(5) 严格检查取样器具，包括封闭器，确保其清洁和干燥。

(6) 容器中应留有至少 10% 用于膨胀的无油空间。用倾倒的办法获得 10% 的无油空间不是一个好办法，因为这样会使样品失去代表性，特别是有游离水或乳化层存在时。如果从油罐中采取点样时，必须从样品容器中倒出一些样品，这个操作应在从油罐中提出样品容器时立即进行。

(7) 在充装样品之后，立即封闭接受器或容器，检验其是否渗漏。

(8) 由于挥发性或其他考虑而需要大体积样品时，可以不用采取大量小样品的办法获得，而用适当的方法(例如循环、罐侧混合器)来完全混合罐内的油品，再按方法中所述，在足够数量的不同液面上采取样品，通过试验来确定罐内油品的均匀性。将取样管子的进口伸进封容器底附近，通过罐侧阀门、循环泵放料阀或通过虹吸管充装样品容器。

第二节 石油产品密度和黏度测定中的危害与控制

一、密度测定中的危害与控制

我国测定石油产品密度的方法有：GB/T 1884—2000 原油和液体石油产品密度实验室测定法(密度计法)、GB/T 2540—1981(1988)，《石油产品密度测定法(比重瓶法)》。生产实际中主要用密度计法测定石油产品密度，密度测定中，应注意以下危害因素。

1. 样品准备过程中的危害与控制

轻组分挥发不仅影响测得的密度值，同时蒸气对化验人员健康产生危害。为减少轻组分

挥发，应注意以下几点：

（1）样品混合是使用于试验的试样尽可能地代表整个样品所必须的步骤，样品应在原来的容器和密闭系统中混合。如在开口容器中混合挥发性样品将导致轻组分损失，并将影响测得的密度值。

（2）在试验温度下把试样转移到温度稳定、清洁的密度计量筒中，避免试样飞溅和生成空气泡，并要注意减少轻组分的挥发。

2. 仪器操作过程中的危害与控制

测定过程中，化验人员应充分注意密度计和恒温浴等仪器使用操作规程，防止由于仪器操作不当引起的各种事故的发生。

（1）检查密度计的基准点确定密度计刻度是否处于干管内的正确位置，如果刻度已移动，应废弃该密度计。

（2）用合适的温度计或搅拌棒作垂直旋转运动搅拌试样，搅拌过程中动作要轻缓，防止温度计或玻璃棒折断而损伤手指。

如果在搅拌过程中温度计折断，应立即收集散落的水银，残余部分用硫磺粉覆盖处理（详见第二章第三节），不能随意抛弃污染环境。

（3）密度计只能握拿最高分度线以上的干管部分，垂直取放，切勿横着拿取密度计的细管一端，以防折断引起皮肤划伤。如果发现密度计的分度标尺位移、玻璃有裂纹等现象，应立即停止使用。

3. 测定过程中的危害与控制

（1）密度计在使用前应擦拭干净，擦拭后不要再握拿最高分度线以下部分，以免影响读数。

（2）试样必须搅拌均匀。试样内或表面上不应存在气泡，否则会影响读数。

（3）密度计应轻轻放入所测试样中，降至所测刻度附近时再松手，以保证液面以上的干管浸湿不超过两个最小分度值。

（4）测定石油产品密度时，应按石油密度计注明的方法进行读数。读数时，密度计不能与量筒壁接触，眼睛必须与液体主液面或上弯月面成同一水平。

（5）记下密度计读数后，应立即测定试样温度。

（6）铅弹蜡封式密度计在高于38℃下使用后，要垂直地晾干和冷却。

二、黏度测定中的危害与控制

液体石油产品运动黏度的测定按GB/T 265—1988《石油产品运动黏度测定法和动力黏度计算法》标准试验方法进行，主要仪器是玻璃毛细管黏度计，该法适用于属于牛顿型流体的液体石油产品。黏度测定中，可能存在以下危害因素：

1. 黏度计清洗中的危害与控制

方法中规定黏度计需用用溶剂油或石油醚洗涤干净。溶剂油和石油醚均属于挥发性较强的石油产品，清洗过程中可带防护口罩或在通风橱内进行，以免因吸入油蒸气引起呼吸道不适。

如果黏度计沾有难以去掉的污染物，可用铬酸洗液、自来水、蒸馏水或95%乙醇依次洗涤。

铬酸洗液可以使用多次。使用时应注意不能洗涤沾有酒精、汽油或大量油脂等有机物的仪器，否则容易变质。铬酸洗液有强烈腐蚀性，不能将它倒入水槽中，以免腐蚀下水道。如果落在手上或衣服上，要迅速用水冲洗干净。铬酸洗液吸湿性很强，每次使用后要盖好瓶盖。

2. 温度控制中的危害与控制

（1）在黏度测定中，温度对黏度的影响最大，石油产品黏度随温度升高而减小，随温度的降低而增大。因此，在黏度测定中，必须严格控制恒温浴的温度，使其温度控制在±0.1℃范围内，恒温时间要足够。

（2）为了避免触电，化验人员应在实验前仔细阅读恒温浴操作说明书，遵守恒温浴操作过程中安全注意事项。

（3）准备恒温浴过程中应注意在不同温度下选择不同恒温浴液体，尤其是测定低温黏度，选择的恒温浴为乙醇与干冰的混合物，切不可直接用手拿取干冰，避免冻伤手指。同时，在恒温浴取放黏度计过程中也应十分小心，戴上防护手套，防止冻伤。

3. 黏度计安装中的危害与控制

（1）黏度计的安装方法：先将黏度计固定在夹子上，再浸入恒温浴体内，浸入深度应使恒温浴浸没黏度计上球的一半。

（2）黏度计夹通常较紧，安装不小心时很容易折断黏度计，甚至割伤手指。安装时可在黏度计细管部分涂少许水或油，右手向下按动旋钮，左手向上轻轻推动黏度计，切勿向两边用力，放入水浴中，调整到指定高度即可。

黏度计安装好后，必须从两个互相垂直的方向将黏度计调整成垂直状态。若毛细管偏离垂直方向，就会引起液柱压差的改变，从而产生测定误差。

4. 测定过程中的危害与控制

测定中黏度计吸试样量要符合要求，若试样量过多或过少，都会引起液柱高差的增加或减少，从而影响流动时间，产生误差。

吸取试样过程中不应出现气泡。若试样中有气泡则会影响装入试样的体积，而且进入毛细管中易产生气阻，增大试样的流动阻力，使流动时间延长，测定结果偏大。当黏度计中的试样有气泡存在时，可用橡皮球将气泡吸到扩张部分，再很快将橡皮球拿开，气泡即可破灭。

第三节 石油产品闪点与燃点测定中的危害与控制

测定闪点的方法有 GB/T 261—2008《石油产品闪点测定法（闭口杯法）》、GB/T 267—1988《石油产品闪点与燃点测定法（开口杯法）》和 GB/T 3536—2008《石油产品闪点和燃点测定法（克利夫兰开口杯法）》三种标准试验方法。

一、溶剂清洗中的危害与控制

清洗溶剂均属于易燃液体且有毒（详见第三章第三节），蒸汽与空气易形成爆炸性混合物，使用时远离热源和火源，存放于阴凉通风处。

清洗溶剂的选择依据被测试样及其残渣的黏性。低挥发性芳烃（无苯）溶剂可用于除去油的痕迹，混合溶剂如甲苯－丙酮－甲醇可有效除去胶质类的沉积物。

二、仪器准备过程中的危害与控制

（1）遵守闪点测定仪器的操作步骤和要求。如果使用自动仪器，要确保其测定结果能达到标准规定的精密度，试验杯及试验杯盖的组装应符合规定的尺寸和仪器机械要求，使用者应确保全部操作按仪器说明书进行。

(2) 试验前应检查并试用点火装置，熟悉点火器气体的性质要求，正确操作，避免操作不当产生意外。

(3) 用于加热样品的烘箱，要求能将温度控制在 ±5℃之内。可通风且能防止加热样品时产生的可燃蒸气闪火，推荐使用防爆烘箱。

三、样品处理过程中危害与控制

(1) 若样品产生有毒蒸气，应将仪器放置在能单独控制空气流的通风柜中，通过调节使蒸气可以被抽走，但空气流不能影响试验杯上方的蒸气。

(2) 将所取样品装入合适的密封容器中。为了安全，样品只能充满容器容积的 85% ~95%。

(3) 将样品储存在合适的条件下，以最大限度地减少样品的蒸发损失和压力升高。样品储存温度避免超过 30℃。

(4) 含未溶解水的样品：如果样品中含有未溶解的水，在样品混合前应将水分离出来，因为水的存在会影响闪点的测定结果。但某些残渣燃料油和润滑剂中的游离水可能会分离不出来。这种情况下，在样品混匀前应用物理方法除去水。

(5) 含水较多的残渣燃料油试样应小心操作，因为加热后此类试样会起泡并从试验杯中溢出而引起意外事故发生。

四、测定过程中危害与控制

(1) 严格控制加热强度，防止意外事故发生。升温速度快，单位时间蒸发出的油蒸气较多，易达到可燃混合气的爆燃下限浓度，测得的闪点偏低；反之，温升速度慢，测定时间长，点火次数多，损耗了部分试样蒸气，测得闪点偏高。

(2) 开口闪点测定中，如遇试验杯油品着火，不必慌张，先迅速从试验杯中提起温度计，再用口盖及时盖住试验杯口，隔绝空气，着火自然会熄灭。切不可拿着着火的试验杯在实验室来回走动，防止处理不慎引起更大的火灾。

(3) 实验室必须配备灭火器材并保持其良好的状态。发生火警，应立即切断电源组织扑救。

(4) 实验室应经常通风，防止易燃气体集聚。试验所需油样和试剂应密闭存放于阴凉处，并远离火源。

(5) 沾有易燃品的废纸、棉纱、布等要放入带盖的废物桶内，及时处理。

(6) 沾有易燃品的仪器严禁放入烘箱中烘干。严禁用明火加热或蒸馏易燃品。

第四节　石油产品馏程评定中的危害与控制

液体燃料馏程测定方法主要依据 GB/T 6536—1997《石油产品蒸馏测定法》。方法测定原理是把 100mL 试样注入蒸馏烧瓶中，在规定的蒸馏仪器中按规定的条件进行蒸馏，将生成的蒸气从蒸馏烧瓶中导出，并确定其蒸发百分数(或回收百分数)与蒸发温度(或馏出温度)之间的关系。

一、样品处理过程中的危害与控制

(1) 样品中不允许有水分存在，否则试验时易产生突沸，影响测定结果的准确性。为防止蒸馏中产生突沸现象，可在蒸馏烧瓶中加入 1 ~2 片瓷片或沸石等。

（2）在打开样品瓶之前，样品应经处理调整至标准所规定的温度。0组：在打开样品瓶之前，样品应调整至低于5℃；1组和2组：在打开样品瓶之前，样品应调整到低于10℃；3组和4组：如果在环境温度下样品不呈液态，在分析之前应将其加热至高于其倾点9℃～21℃。如果试样在储存过程中有部分或完全固化，在打开样品瓶之前、样品熔化后应将其剧烈摇动使其均匀。

二、仪器准备过程中的危害与控制

（1）采取任何必要的措施，使测定仪器、冷凝浴和接收量筒的温度保持在规定的温度下，接收量筒应浸没在一个冷却浴中，并使浸入液面至少达到量筒的100mL刻线，也可将整个接收量筒用空气循环室包围起来。

（2）温度计必须安装正确。温度计和蒸馏烧瓶的轴心线应互相重合，并且使水银球的上边缘与支管内壁底部的最高点水平。若温度计不垂直，水银球偏向瓶壁，由于瓶壁受冷空气的影响，馏出温度偏低；若温度计插入深，因高沸点蒸气或因跳溅液滴溅在水银泡上而使馏出温度偏高；若温度计插入浅，因瓶颈的蒸气分子少，且受冷空气影响而使馏出温度偏低。

（3）仪器准备过程中注意仪器安全操作规程，避免出现意外。尤其是向胶塞安装温度计过程中应十分小心，防止折断温度计，割伤手指。在安装过程中，可在温度计上涂少许润滑油，便于安装，然后调整到合适高度。如出现温度计折断，水银有散落，及时回收处理，不得随意抛弃(详见第二章第四节)。

（4）正确准备冷凝器。关闭冷凝器下部开关，然后用冰和雪装满水槽，再注入冷水浸过冷凝管。蒸馏过程中水温应保持在0～5℃，若缺乏冰和雪时，可用循环冷水代替，但水温不应高于30℃，仲裁试验时必须采用冰或雪。

开通冷凝循环冷水时，应注意：开通上水管水流速度不易过大，应与下水速度达到平衡。防止水从冷凝槽溢出，引起不必要的危害。

三、测定过程中的危害与控制

（1）严格控制加热速度。加热速度过快，会造成油品突沸，油品突沸有时把温度计和软木塞冲出，甚至造成失火或烧伤事故。

另外，加热速度对馏程测定结果有很大影响，特别是对初馏点和90%馏出温度以后各馏出点的影响尤为显著。如果加热速度过快，蒸馏烧瓶受热也快，会产生大量的气体，来不及从出口管逸出，使蒸馏烧瓶中的气体分子增多，瓶中的压力大于外界气压，这时读出的馏出温度要比正常馏出温度偏高一些；反之，加热速度过慢，不仅使各馏出温度偏低，而且馏程测定时间延长。

馏程测定中不仅规定了从开始加热到初馏点的时间，还规定了不同试样要选用不同孔径的烧瓶支板(石棉垫)。其目的是为了控制蒸馏烧瓶的加热面大小，一方面根据试样的轻重及蒸馏所需热量的多少，保证必要的加热面以达到规定的加热速度；另一方面又要保证最后被蒸馏的试样表面高于加热面，以防过热和烧坏蒸馏烧瓶。

（2）防止回收量过多或过少。量取试样多、量取试样时试样的温度偏低、冷凝管未擦净、蒸馏烧瓶不干等，会使回收量增加。量取试样少、量取试样时试样温度偏高、注入试样时洒在烧瓶外面、仪器连接处密封不严等，都会使回收量减少，回收量的多少会显著地影响90%以后馏出温度的高低。

（3）量筒口部要用棉花盖好，以防冷凝管上凝结的水分落入量筒内和减少馏出物的挥发。

（4）采用 GB/T 6536 法蒸馏测定时，当用高温蒸馏温度计进行喷气燃料或类似的产品第 4 组试验时，所需的温度计读数可能被软木塞遮住，为了得到所需的数据，可按第 3 组规定将试样再做一次试验。从低温蒸馏温度计上读数可以报告代替被遮住的高温蒸馏温度计的读数，并在试验报告中应该注明。如果按协议，双方同意放弃这个遮住的温度计读数，则在试验报告中也要注明。

（5）在连续试验时，试验前所有仪器的温度应符合规定要求，以免影响初馏点。

（6）大气压力对油品的汽化有很大影响，大气压力高，汽化困难；大气压力低，汽化容易。液体的沸点随大气压力的升高而升高，随大气压力的降低而降低。同一试样若在不同大气压下进行蒸馏测定，所得结果不同。因此馏出温度必须按有关要求换算为标准大气压力下的值。

第五节　石油产品电导率测定中的危害与控制

轻质石油产品（喷气燃料、汽油等）在泵送、加注、运输过程中，特别是给飞机加油时，由于互相摩擦会产生静电。而燃料的导电性能差，容易发生静电积聚，在一定条件下，可以发生放电现象，点燃混合气，造成静电失火事故。

防止石油产品静电失火的方法很多，在石油产品中加入抗静电添加剂，以提高油品的导电性，使静电及时导出，从而减少静电荷的积聚，是防止静电失火行之有效的措施。液体燃料的电导率值越大，其传导电流的能力越强，易把产生的静电荷及时导走，减少静电荷的积聚。但电导率过大，则可能会影响飞机上电容型油箱容量仪表的准确性。通常要求燃料的电导率不小于 50pS/m，并把 50pS/m 作为不致发生静电危险的安全值。我国 3 号喷气燃料的电导率值要求在 50～450pS/m 之间，高闪点喷气燃料的电导率出厂时不应小于 50pS/m。

轻质石油产品电导率测定采用 GB/T 6539—1997 法。测定时，在浸没于试样内电导池的两个电极之间施加一个直流电压，其间所产生的电流以电导率的数值来表示。为了避免由于离子极化所造成的误差，在施加电压后，立即在瞬间测量电流，所测结果是试样不带电荷的电导率，此时无离子的极化与损耗，又称静止电导率。试验过程中的危害控制如下。

一、电导池清洗过程中的危害与控制

如果电导池已接触了水，则必须采用清洗溶剂充分冲洗，最好用异丙醇冲洗，再用空气流吹干。

异丙醇为易燃液体，使用中注意以下几点：

（1）清洗过程中远离热源和火源。

（2）异丙醇容易挥发，有刺激性，使用中带好防护口罩。

（3）不宜用手直接接触异丙醇。

（4）清洗过后的异丙醇，禁止直接倒入下水池中，及时回收。

（5）使用完毕，存入于阴凉干燥处。

二、测定过程中的危害与控制

样品电导率宜在现场测量，以避免样品运送过程中发生衰减或被污染。测定中过程中注意以下几点：

（1）应经常检查电导池电压是否正常。

（2）不能急剧地将电导池扔入待测燃料中，以免因摩擦起电，引起油面静电荷的急剧重

新分布，激发火花放电。

（3）对于装油高度较高的油罐应分层测定电导率，取其平均值，以获得最有代表性的数值。

（4）现场测定时，飞机、油车、油罐、油船等都必须严格遵守防静电的所有安全规程，泵送燃料应在停泵后规定时间进行测定，以使燃料充分消散在泵送时所产生的静电电荷。

（5）电导率与温度有密切关系，温度升高，离子水化作用减弱，燃料黏度降低，离子运动阻力减小，运动速度增大，使电导率增大。

（6）在湿热的条件下，电导池会产生凝结水，这样会影响零点校准点和试样测量结果的准确性。为避免这种现象，可把电导池放置在比环境温度高 2～3℃的地方。

第六节　石油产品酸度（值）测定和铜（银）片腐蚀试验中的危害与控制

石油产品的酸度（值）测定和铜（银）片腐蚀试验都是衡量油品腐蚀性能的指标。中和 100mL 石油产品中的酸性物质，所需氢氧化钾的质量，称为酸度，以 mgKOH/100mL 表示；中和 1g 石油产品中的酸性物质，所需要的氢氧化钾质量，称为酸值，以 mgKOH/g 表示。

关于油品对金属材料的腐蚀性试验（除润滑脂、防锈油脂外），需要特别强调指出的是，不同种类的金属试片，绝不能同时放在同一盛样试管的油品中，以防止金属发生原电池反应，导致某一金属试片过度腐蚀，不能准确判断测试结果；同一盛有试样的试管中，也不允许放入多于标准中规定数量的同类金属试片，以防止油品中能促使金属材料腐蚀的活性组分有效浓度降低，使测定结果产生误差。

一、化学滴定法测定酸度（值）中的危害与控制

1. 试剂配制过程中的危害控制

试验方法中规定用氢氧化钾乙醇（异丙醇）标准滴定溶液滴定油品中酸。试验前应配制氢氧化钾乙醇（异丙醇）标准滴定溶液，配制过程中应遵守化学试剂配制要求，防止发生意外事故。

氢氧化钾系强碱，溶解时放热，腐蚀性强，易烧伤皮肤及毛织品，配制时有强烈的刺激味，应做好防护。

乙醇和异丙醇均为无色流动易燃液体，配制时应远离热源和火源，存放于阴凉干燥处，密封保存。

2. 玻璃仪器准备过程中的危害控制

化学滴定法测定酸度（值），需要用到滴定管等各种玻璃仪器。玻璃仪器虽然操作简便，但操作不规范不仅影响到测定结果，也会引发割伤等意外事故的发生。

（1）玻璃仪器易破碎，使用时必须轻拿轻放，忌用暴力，避免撞击、敲打和重压。

（2）对玻璃仪器的加热需缓慢升温，避免急冷急热。精密量器类玻璃仪器不能加热和烘干。不可将热的液体倒进厚壁的玻璃仪器（或容器）内。

（3）玻璃仪器在使用前，必须进行清洗，不用的仪器应使其晾干，并不得有残存物，再用纸小心包裹好存放。尤其是滴定管等容量仪器，使用具有强侵蚀性的强酸性或强碱性洗液时，必须彻底清洗，避免残留。

（4）禁止使用容量玻璃仪器储存浓酸、浓碱和使用烘干法进行仪器的干燥（确有必要烘

干者，应重新进行校正)。

3. 电热板(套)操作过程中的危害控制

试验过程中需用电热板或电热套等电热设备加热抽提油品中酸，如操作不当可能引发触电、烫伤，严重时可能引发火灾，因此，必须按照电热设备使用的安全要求进行操作。

(1) 电热板(套)电源最好用电闸控制，不要只靠插销，功率较大的电热板尤为重要。

(2) 电热板(套)不要放在木质、塑料等可燃的实验台上，以免因长时间加热而烤坏台面，甚至引起火灾，应放在水泥台上，或垫上足够的隔热层。

(3) 电热套内的凹槽要保持清洁，及时清除污物(**先断电**!)，以保护炉丝散热良好，延长使用寿命。

(4) 更换炉丝时，新炉丝的功率要与原来的相同。安装时炉盘下的连接导线一定要套上绝缘瓷管，以免发生事故。

4. 测定过程中的危害控制

(1) 指示剂用量　每次测定所加的指示剂要按标准中规定的用量加入，以免引起滴定误差。通常用于测定试样酸度(值)的指示剂多为弱酸性有机化合物，本身会消耗碱性溶液，如果指示剂用量多于标准中规定的要求，测定结果将可能偏高。

(2) 煮沸条件的控制　试验过程中，待测试液要按标准规定的温度和时间煮沸并迅速进行滴定，以提高抽提效率和减少 CO_2 对测定结果的影响。标准中规定将抽提溶剂预煮沸5min后中和以及抽提过程中煮沸5min并要求滴定操作在3min内完成，除了应达到有效抽提试样中酸性物质和有利油、液两相分层外(第二次煮沸)，都是为了驱除 CO_2 并防止 CO_2 溶于乙醇溶液中(CO_2 在乙醇中的溶解度比在水中的高3倍)。CO_2 的存在，将使测定结果偏高。

(3) 滴定终点的确定　准确判断滴定终点对测定结果有很大的影响。用酚酞作指示剂滴定至乙醇层显浅玫瑰红色为止；用甲酚红作指示剂滴定至乙醇层由黄色变为紫红色为止；用碱性蓝6B作指示剂滴定至乙醇层由蓝色变为浅红色为止；用溴麝香草酚蓝作指示剂滴定至乙醇层由黄色变为绿色或蓝绿色为止。对于滴定终点颜色变化不明显的试样，可滴定到混合溶液的原有颜色开始明显地改变时作为滴定终点。

(4) 抽出溶液颜色的变化　当遇到抽出溶液颜色较深时，利用颜色指示－化学滴定分析方法测定试样的酸度(值)时会产生严重误差，必须改用电位滴定法测定。

二、电位滴定法测定酸值中的危害与控制

1. 试剂配制过程中的危害与控制

1) 氢氧化钾异丙醇标准滴定溶液的配制

同化学滴定法。

2) 滴定溶剂的配制

滴定溶剂的配制方法就是用500mL甲苯和5mL水加到495mL的异丙醇中，混合均匀。

甲苯系易燃液体，有毒。配制过程中应严加防范，尤其是皮肤有伤口的，必须采取好防护措施，甲苯能通过伤口渗入体内引发中毒。

2. 电极准备过程中的危害控制

电极准备的好坏直接关系到该试验的成败，试验前应按照试验方法中要求准备电极。

1) 电极的维护和保养

玻璃电极每隔一段时间(在连续使用时，至少每周一次)插入冷铬酸洗液中清洗一次。铬酸洗液具有强腐蚀性，使用过程中应严加防护，使用完毕后，应及时回收，严禁直接倒入

下水池中(详见第三章第三节)。参比电极中的氯化钾电解液至少每周换充一次，每次充到加入口处，并确保氯化钾电解液中始终有氯化钾固体结晶析出。在滴定过程中要始终保持参比电极中电解液的液面高于滴定杯中的液面。不用时，把玻璃电极的下半部插入蒸馏水中，把参比电极插入氯化钾－异丙醇电解液中，在两次滴定之间相隔较长的时间时，绝不允许把两个电极仍插在滴定溶剂中。

2）电极的准备

电极在使用前后，要用净布或柔软的吸水性薄纸抹干玻璃电极，并用水漂洗。用干布或软纸擦拭参比电极，小心地移开玻璃套管，彻底擦拭套管的磨砂面，轻轻地把套管复位以便电极内液排出几滴，浸润套管磨砂面，再把套管牢牢固定于原位，然后用水漂洗电极。在每次滴定前，把准备好的电极在水中浸泡至少5min，然后用干布或软纸擦去残存的水。

3）电极的检测

新的电极、久置的电极以及新安装的电位滴定仪首次使用时都要进行电极电位的检测：把100mL滴定溶剂和1.0～1.5mL的0.1mol/L的氢氧化钾－异丙醇标准滴定溶液充分混匀后，将电极对插入此溶液中；之后将电极对取出，清洗后再将电极对插入非水酸性缓冲溶液中，读取二者的电位差至少大于0.480V时，此电极对方可使用。

3. 测定过程中的危害控制

测定过程中应严格遵守操作规程，不论是试剂的准备、还是样品处理等过程都会影响试验结果。为确保试验结果的准确性，测定过程中还应注意以下几点：

(1) 所用试剂的纯度、标准滴定溶液浓度及缓冲溶剂制备要符合要求，以提高试验的准确度。

(2) 已使用油品试样的预处理使用过的油品中的沉积物常呈酸性或碱性，或沉淀物易分散开来，可将试样加热到60℃±5℃并搅拌，必要时用孔径为154μm的筛网进行过滤。

(3) 难溶解试样的处理遇有难溶解的重质沥青、残渣物时，试样的溶解可采用三氯甲烷代替甲苯。

(4) 终点确定对于使用过的油品酸值的测定，其电位滴定突跃点可能不清楚甚至没有突跃点。如果没有明显突跃点，则以相应的新配制的酸性或碱性非水缓冲溶液的电位值作为滴定终点。

(5) 要严格按仪器操作规程进行测定，使用中注意对玻璃电极球表面的保护，甘汞电极的氯化钾电解液要及时补充。

三、铜(银)片腐蚀试验中的危害控制

1. 铜片腐蚀试验

(1) 试验条件的控制 铜片腐蚀试验为条件性试验，试样受热温度的高低和浸渍试片时间的长短都会影响测定结果。一般情况下，温度越高、时间越长，铜片就越容易被腐蚀。

(2) 试片洁净程度所用铜片一经磨光、擦净，绝不能用裸手直接触摸，应当使用镊子夹持，以免汗渍及污物等加速铜片的腐蚀。

(3) 试剂与环境试验中所用的试剂会对结果有较大的影响，因此应保证试剂对铜片无腐蚀作用；同时还要确保试验环境，没有含硫气体存在。

(4) 取样试验样品(尤其是用过的油)不允许预先用滤纸过滤，以防止具有腐蚀活性的物质损失。用未过滤的试样进行腐蚀性试验，除定性地检测试样中能引起金属腐蚀的游离硫和活性硫化合物外，还包括可以引起金属腐蚀的水和溶于水中的酸、碱性物质等。

(5) 腐蚀级别的确定方法 当一块铜片的腐蚀程度恰好处于两个相邻的标准色板之间时，则按变色或失去光泽严重的腐蚀级别给出测定结果。

2. 银片腐蚀试验

(1) 试验条件的控制银片腐蚀试验也为条件性试验，试样受热温度的高低和浸渍试片时间的长短也会影响测定结果。

(2) 取样操作银片腐蚀性试验所用的取样容器，最好为带有磨口盖的棕色玻璃瓶，取样时应在阴凉处进行，装满样品后应立即盖好盖子，避免空气介入和阳光照射，防止气体硫化物逸出和外界空气及其他杂质进入瓶内污染样品，同时也避免了试样中的含硫化合物被氧化。取样后的试样应迅速地进行试验。

(3) 试样的预处理银片腐蚀试验的准备工作中，除要求尽量避免接触空气和阳光照射以外，还要求试样不含悬浮水。银片对腐蚀活性物质的敏感程度较铜片灵敏，当它与水接触时极易形成渍斑，造成评级困难。因此，一旦发现试样中有悬浮水存在，需要用滤纸将其滤去。但通常情况下，成品喷气燃料中一般不会含有悬浮水，除非是油品在运输或储存中发生偶然事故。

第七节　石油产品凝点和倾点定中的危害因素与控制

润滑油、柴油的低温流动性常用凝点和倾点表示。

石油产品是一种复杂的烃类混合物，遇冷时逐渐失去流动性，没有明显的凝固温度。凝点是石油产品在规定条件下冷却至停止移动时的最高温度，以"℃"表示。倾点是石油产品在规定试验条件下，被冷却试样能流动的最低温度，以"℃"表示。同一种石油产品的凝点通常要比倾点低2~3℃。

石油产品凝点测定采用GB/T 510—1983(1991)法，倾点采用GB/T 3535—2006法进行测定。

一、冷却剂准备中的危害与控制

方法标准中规定：试验温度在0℃以上用水和冰；在0~-20℃用盐和碎冰或雪；在-20℃以下用工业乙醇和干冰。

干冰即固体二氧化碳，外观与冰相像，主要用作冷冻剂，使用时绝不允许用手直接接触干冰，以免冻伤手指。

制备含干冰的冷却剂时，在冷剂容器中注入乙醇，注满到容器深度的2/3，在不断搅拌下，逐渐加入细块干冰。操作过程中应防止乙醇外溅或喷出，直到冷却剂到达测定温度。待冷却剂不再剧烈冒出气体时，添加乙醇至必要的高度。

如使用溶剂汽油制备冷却剂时，应在通风橱中进行。

二、温度计安装中的危害与控制

按照方法标准中规定，正确安装冷浴和试管温度计，安装过程中应小心谨慎，切勿使温度计折断，尤其不能使感温介质落入冷浴中。

另外，温度计在试管中的位置必须固定，插入深度符合要求。若固定不好，温度计在试管中活动，会搅动试样，从而阻碍石蜡结晶过程，破坏已生成的结晶，使测定结果偏低。

三、测定过程中的危害与控制

倾点和凝点的预热处理和冷却速度不同，石蜡的结晶过程和晶体形成网状骨架也不同，因此，必须严格按规定调整预热温度和冷浴温度。一般冷却速度过快，会使测定结果偏低，因为当冷却速度过快时，随着石油产品黏度的增大，晶体增长很慢，在晶体尚未形成坚固的晶网前，温度就降低了很多。如冷浴与试样的预期凝点或倾点温差太小，则会延长测定时间，使测定结果偏高。

第八节　发动燃料实际胶质测定中的危害与控制

胶质是燃料中的烃类(主要是不饱和烃)在储存、使用过程中经氧化、聚合、缩合所生成的黏稠的、不挥发的胶状物质。当胶质生成量不大时，它能溶解在燃料中，随着氧化加剧，胶质含量增多，燃料颜色逐渐变深，直至析出胶状沉淀。

燃料中胶质含量多，在发动机进气系统会生成较多的沉积物，易堵塞油路、粘结气门、增加积炭、功率降低，严重时会卡住气门，造成发动机停止工作。因此，应定期测定燃料中的胶质，根据胶质含量的变化来正确储存和使用燃料。

发动机燃料实际胶质测定按 GB/T 509—1988《发动机燃料实际胶质测定法》、GB/T 8019—1987《车用汽油和航空燃料实际胶质测定法(喷射蒸发法)》进行。本节主要介绍 GB/T 8019—2008 喷射蒸发法测定实际胶质中的危害与控制

一、胶质杯清洗中的危害与控制

胶质杯清洗干净与否直接影响测定结果的准确性。本试验中选择的胶质溶剂是等体积的甲苯和丙酮的混合物。甲苯和丙酮均属易燃液体，使用中必须遵守易燃液体操作中安全要求。同时甲苯有毒，不可用手直接接触甲苯溶液，如皮肤上有伤口，应严加防护，避免甲苯溶液污染伤口，引起身体伤害。

清洗后的胶质杯只许用镊子夹持，并放在150℃烘箱中烘干 1h，将烧杯放在天平附近的冷却器中至少冷却 2h。

二、仪器操作过程中的危害与控制

本试验中所使用仪器包括空气蒸发法测定实际胶质和蒸气蒸发法测定实际胶质两部分。仪器操作容易引起烫伤、热爆炸和触电等危害，操作过程中注意以下几点：

(1) 空气蒸发法测定实际胶质：

① 接上气源时，检查测定仪的减压阀上压力表，应使表值保持在 0.035 ~ 0.05MPa 之间，慢慢拧开空气调节阀，使流量计浮子指示值在 108 L/min 左右。这时检查仪器左侧蒸气调节阀是否关紧，有无漏气。当蒸气调节阀确定关紧后，再关小空气调节阀，使流量计浮子下降到“0”稍上位置，如低于“0”位，下次开启空气调节阀时，浮子会产生上下跳动，不能平稳上升。

② 接通电源时，把蒸发浴温控仪设定温度调至 162℃左右，对蒸发浴加热。由温控仪自动控制升温至设定温度，同时观察蒸发浴中间温度计，温度是否在 160 ~ 165℃范围内。不在此范围，可以相应调高或降低设定温度，使蒸发浴保持在 160 ~ 165℃范围内。

(2) 蒸气蒸发法测定实际胶质：

① 把蒸气发生器水泵抽水管插入注满蒸馏水或软化水桶内。如发生空吸现象，应将抽水管内水注满，接通蒸气发生器电源，待水泵自动送水到蒸气发生器内胆内，待水位升到上限水位，电加热管会自动加热，首次加热到蒸气压力 0.09MPa 时应扳动安全阀门手把，把加热胆内空气排出。然后继续加热，使蒸气工作压力保持在 0.09MPa 左右。这时，蒸气发

生器处于正常供气状态。

② 在过热器蒸气调节阀和蒸气发生器二管接头接上金属软管，拧紧管接头，然后检查仪器右侧空气阀门是否关紧，开启蒸气阀门，查看空气调节阀有无漏气现象发生。

③ 接通测定仪电源，把蒸发浴温度控制仪设定温度调至235℃左右。由控温仪自动把蒸发浴温度升到设定温度，观察蒸发浴中间温度计温度是否在232～246℃范围内。如不在此范围，可以相应调高或降低蒸发浴控温仪设定温度，使蒸发浴温度保持在232～246℃范围内。

（3）试验过程中蒸发的样品和溶剂蒸汽极易燃烧和闪火，吸入对人体有害。蒸发浴必须安装一个有效的排气罩以控制这类蒸汽，减少热爆炸的危险。

（4）整个试验均在高温下操作，严禁用手直接接触仪器装置任何部件，以免烫伤。

（5）凡使用空气压缩机提供测定仪气源的用户，应在测定仪供气之前，将空气压缩机储气筒下的排水阀口打开，待筒内存水放尽后关闭阀口，再向测定仪供气。以免空压机筒内存水带到测定仪空气流量计中引起空气流量变化，影响测试结果。

（6）蒸气发生器必须采用蒸馏水或软化水，在使用中应使供水桶保持有水，确保水泵正常工作，免遭损坏。

（7）蒸气发生器停止使用10h以上，必须将排污截止阀打开，将锅炉内剩水放尽。

（8）蒸发浴试验孔以及更换用试验孔筒均系铝质材料，清污擦洗不能损坏表面。

（9）没有切断电源和蒸气发生器、过热器、蒸发浴在没有完全冷却到常温时，不能进行拆卸维修。

三、测定过程中的危害与控制

实际胶质测定是一个条件性很强的试验，操作人员必须严肃认真、一丝不苟。但由于一些试样（如航空汽油、喷气燃料及新出厂的车用汽油）胶质很少，操作中稍微不慎，误差就会超过允许值，甚至出现负的结果。因此操作中特别注意以下问题：

（1）胶质烧杯的油浴槽要仔细洗净，且所有与胶质烧杯接触的仪器（如干燥器、坩埚钳等）都必须清洁。测定前，应先用过滤空气（或蒸汽）清洁供气管道，以防止空气（或蒸汽）管道中的灰尘被带入胶质杯中。

（2）蒸发浴温度在测定过程中应按规定保持恒温。实践证明，测定条件下胶质生成速度随温度升高而增大，故浴温超过规定温度时，结果偏大。浴温过低时，试样无法蒸干，难于恒重，结果也偏大。

（3）正确控制空气（蒸汽）流速。空气（蒸汽）流速大，由于蒸发时间短，且易使试样溅出，使结果偏小；如自始至终空气（蒸汽）流速都小，则结果偏大。

（4）测定实际胶质应用玻璃瓶作采样器和试样瓶，而不要采用金属容器，特别是铜质容器。因为金属特别是铜对石油产品胶质生成有催化作用，使测定结果偏大。

（5）迅速、准确进行称量。由于胶质烧杯表面积大、易吸水，特别是胶质更容易吸水，因此称量力求迅速准确。整个测定过程中，必须使用同一干燥器（或冷却容器），胶质烧杯的冷却和称量时间应保持一致。采用配衡杯法进行称量，由于试样烧杯与配衡杯在冷却和称量过程中同时吸收水分，质量互相抵消，从而提高测量的准确性。

（6）测定时所用空气（或蒸汽）流应洁净，无油污状残余物（如润滑油类），否则在测定温度下这类污染物难以蒸发，使测定结果偏大。因此，对空气（蒸汽）应仔细过滤，防止水分等杂质进入测定器内。

第五章　石油产品其他理化指标评定中的危害与控制

第一节　喷气燃料烟点测定中的危害与控制

石油产品绝大部分作为燃料使用，从数量上看，燃料油占全部石油产品的90%以上，其中又以汽油发动机、柴油发动机及喷气式发动机等发动机燃料占主要地位。这些发动机都是以液体石油燃料为动力而运转的。燃烧性能是评价燃料油品的重要指标。燃烧性能就是指燃料是否具有较高的热值，在发动机工作状况下能否充分燃烧并提供更高的有效功率的能力。燃料能否充分燃烧要从发动机的结构、工作状况、空气的合理供应、油品的物理性质和化学组成等多方面考虑。本节主要介绍喷气燃料烟点测定中危害因素与控制。

一、配制标准燃料中的危害与控制

按方法规定用滴定管配制一系列不同体积分数的甲苯和异辛烷标准燃料混合物。甲苯和异辛烷均属易燃液体且有毒，使用前必须掌握试剂的特性（详见第三章第二节）及使用中注意事项：

（1）要穿戴好防护用品，包括使用防护眼镜、橡胶手套等，皮肤上有伤口时要特别注意防护。

（2）试验过程中应将各种化学试剂存放于阴凉处，远离热源。

（3）注意通风，不得有明火。

二、仪器操作过程中的危害与控制

（1）安放灯具　将灯具垂直放在一个避风的地方，放置过程中避免灯具倾倒，碰伤人员。仔细检查灯体，确保平台内空气孔和储油器空气导口的尺寸正确并干净、畅通。平台的位置不能影响空气孔通气。

（2）洗涤灯芯　用石油醚或直馏轻质汽油洗涤灯芯，并在100～105℃的温度下干燥30min，取出后放在干燥器中备用。放入烘箱前，应将灯芯上残留的石油醚尽量甩干，以免由于烘箱中石油醚浓度过大引起意外事故发生。

（3）洗涤储油器　用石油醚或直馏轻质汽油洗涤储油器，并用空气吹干。石油醚属易燃液体，使用中注意通风，不得有明火。试验过程中将存放于阴凉处，远离热源。

（4）试样的准备将试样保持到室温，如果发现试样中有杂质或呈雾状，要用定量滤纸过滤。

（5）润湿灯芯将灯芯用试样润湿，并装入灯芯管中。如果灯芯卷曲，应仔细捻平，再重新用试样润湿灯芯上端。

三、实验过程中的危害与控制

1. 量取试样

用量筒量取20 mL试样，倒入清洁、干燥的储油器内。注意：如果试样很少，不足20 mL，允许用不少于10 mL的试样做试验。

2. 安装烟点灯

将灯芯管小心放入贮油器中，拧紧；勿使试样洒落在通空气的小孔中。将不整齐的灯芯头用剪刀剪平，使其突出灯芯管3mm。将储油器插入灯中。安装过程中必须遵守仪器操作说明中安全要求，避免安装不正确致使仪器损坏和伤人。

3. 测定烟点

点燃灯芯，调节火焰高度至10mm，燃烧5min。升高灯芯至呈现油烟，然后再平稳降低火焰高度。点燃后注意以下几点：

(1) 如用火柴点燃灯芯，严禁将未熄灭的火柴杆随意抛弃引发意外。

(2) 烟点灯附近严禁存放易燃液体。

(3) 实验宜在通风厨中进行。

第二节　汽油中铅含量测定中的危害与控制

汽油中加入适量的四乙基铅可大大提高汽油的抗爆性，但加入量过多，辛烷值不但不会再提高，反而会使发动机增加铅的沉积物，影响发动机的正常工作，并加剧废气中的铅对空气的污染，产生公害。随着对环境保护的重视和石油炼制水平的提高，各国对汽油中四乙基铅含量都有严格的规定，并逐步向低铅和无铅化发展。目前，我国车用汽油已实现无铅化，95/130 号航空汽油中加有四乙基铅，加入量每千克不大于3.3g。

本节主要介绍络合滴定法 GB/T 2432—1981(1988)测定四乙基铅含量中危害因素识别与控制。

一、试剂准备中的危害与控制

试验过程中需用到各种化学试剂，使用时，易产生中毒和化学伤害等危害，测定时需熟悉各种化学试剂性质，避免产生危害。

(1) 四乙基铅[$Pb(C_2H_5)_4$]。四乙基铅是一种有机铅化合物，是具有芳香气味的无色油状液体，不溶于水而易溶于有机溶剂，密度 $\rho_{20}=1.6524\ g/cm^3$，沸点200℃，在常温下受光、热或空气中氧的作用，也能进行缓慢分解并氧化成PbO等白色沉淀。四乙基铅剧毒且能通过皮肤、呼吸道或食道进入人体，引起中毒，国家规定室内空气中四乙基铅的最大允许浓度为 $0.005mg/m^3$。

(2) 盐酸。无色液体，发烟。与水互溶。强酸，常用的溶剂。大多数金属氯化物易溶于水。Cl^-具有弱还原性及一定的络合能力。

(3) 氨水。无色液体，有刺激嗅味。易挥发，加热至沸时，NH_3可全部逸出。空气中NH_3达到0.5%时，可使人中毒。室温较高时欲打开瓶塞，需用湿毛巾盖着，以免喷出伤人。

(4) 二甲酚橙指示剂。其水溶液虽然较稳定，但放置一个月后对铅离子只呈浅红色，影响终点颜色的观察，甚至滴定过程中没有颜色变化。故规定二甲酚橙指示剂的有效期为一个月。

二、抽提过程中的危害与控制

测定中要加入过量的盐酸，其目的是保证四乙基铅分解抽提完全，但测定时会有大量氯化氢气体逸出。因此，抽提应在通风橱内进行或在冷凝管上端接上带软木塞的胶管，胶管下端插入缓冲瓶中，由缓冲瓶引出的胶管再插入盛有碱溶液的瓶内。盛装碱溶液的瓶中加几滴酚酞指示液，当瓶内液体呈无色时，应补充碱溶液，否则因溶液已呈酸性，吸收装置失去作用，造成腐蚀并污染环境。缓冲瓶的作用是防止加热抽提时将碱溶液反抽到具塞锥形烧瓶中。

测定过程中，化验人员为避免吸入盐酸蒸气或滴手上，应带好防护口罩和手套。

三、测定过程中的危害与控制

（1）必须准确量取试样和测定试样的密度。

（2）为了保证汽油中四乙基铅被盐酸完全分解抽提出来，盐酸浓度、沸腾抽提时间必须符合规定。煮沸分解完后，要把烧瓶壁冲洗 2 ~ 3 遍并放净萃取液，不要造成损失。

（3）准确调整、控制溶液的 pH 值。在滴定过程中，随着络合反应的进行，会不断地生成 H^+，使溶液的 pH 值减小。因此在用氯化锌标准滴定溶液滴定过量 EDTA 前，必须采用适当的缓冲溶液控制溶液的 pH 值为 5 ~ 6。测定方法采用六次甲基四胺 - 盐酸缓冲溶液，缓冲范围 4. 15 ~ 6. 15。

第三节　润滑脂滴点测定中的危害与控制

润滑脂滴点测定方法主要有：GB/T 4929—1985（1991）《润滑脂滴点测定法》和 GB/T 3498—2008《润滑脂宽温度范围滴点测定法》。它们都是在一定条件下利用润滑脂受热后产生熔化或油皂分离的现象，测出润滑脂的滴点。本节主要介绍 GB/T 4929—1985（1991）润滑脂滴点测定中的危害与控制。

一、仪器装配中的危害与控制

装配温度计时，可轻轻旋转软木塞套在温度计上，通过调节软木塞的位置，使温度计的项端离脂杯底约 3 mm。这样，可以防止因旋转温度计用力过猛致使温度计折断，割伤手指。

当在油浴中吊挂第二支温度计时，应防止因温度计与仪器中塞子配合不紧密从悬挂处掉入油浴中。尤其是在加热过程中，因为仪器受热膨胀，并且温度计还沾有润滑油，导致温度计极易从悬挂处滑落至油浴底部，打碎温度计水银球泡，使水银流入热的油浴中产生挥发，引起化验人员中毒。当水银不慎流入油浴中，一定要及时处理回收，不得随意抛弃。

二、油浴选择中的危害与控制

试验前正确选择油浴，要求所选油浴的沸点至少高于所测样品预计滴点 100℃左右。从而可以避免因所选油浴沸点较低，未到达实验温度已经沸腾，从试验杯中溢出引起化验人员烫伤。

三、测定过程中危害与控制

滴点是一个条件试验，仪器的尺寸必须符合规定要求，否则就得不出正确结果。除此，测定时还应注意以下几点：

（1）装填脂杯时，不应混有气泡（指直径 1 ~ 2 mm 以上的气泡），因气泡受热后会剧烈膨胀，加速液滴的滴出，同时也能使油柱在流出时突然中断，造成滴点偏低。

（2）正确安装温度计，使水银球在脂杯中的位置、试管浸入加热浴的深度等，必须符合要求，否则会影响结果的准确性。

（3）要正确控制加热速度。脂杯的玻璃和润滑脂传热都比较慢，升温速度过快时，外层试样的温度比内层试样的温度高得多，而滴点计指示的是内层温度，使测定的滴点偏低；反之，滴点偏高。

第四节　润滑油抗氧化安定性和热安定性测定中的危害与控制

一、抗氧化安定性测定中的危害与控制

测定润滑油的抗氧化安定性，按 SH/T 0196—1992《润滑油抗氧化安定性测定法》标准试验方法进行。

1. 试剂准备过程中的危害与控制

试验过程中需用到各种化学试剂，使用时，易产生中毒和化学伤害等危害，测定时需熟悉各种化学试剂性质，避免产生危害。

(1) 硝酸　无色液体，与水互溶。受热、光照时易分解，放出 NO_2，变成桔红色。强酸，具有氧化性，溶解能力强，速度快。所有硝酸盐都易溶于水。

(2) 磷酸　无色浆状液体，极易溶于水中。强酸，低温时腐蚀性弱，200～300℃时腐蚀性很强。强络合剂，很多难溶矿物均可被其分解。高温时脱水形成焦磷酸和聚磷酸。

(3) 氢氧化钠、氢氧化钾　白色固体，呈粒、块、棒状。易溶于水，并放出大量热。强碱，有强腐蚀性，对玻璃也有一定的腐蚀性，故宜储存于带胶塞的瓶中。易溶于甲醇、乙醇。

(4) 硫酸　无色透明油状液体，与水互溶，并放出大量的热，故只能将酸慢慢地加入水中，否则会因爆沸溅出伤人。强酸。浓酸具有强氧化性，强脱水能力，能使有机物脱水碳化。除碱土金属及铅的硫酸盐难溶于水外，其他硫酸盐一般都溶于水。

(5) 苯　无色，有特殊气味。有毒，易燃，不溶于水。能溶解硫磺、树脂、油类、橡胶。

(6) 甲醇、乙醚　均属于易燃液体。沸点低，易挥发，遇火则燃烧，甚至引起爆炸。

测定中应将各种化学试剂存放于阴凉处，远离热源。注意通风，不得有明火。

2. 溶液配制中的危害与控制

取用药品前，应看清标签。取用时，注意勿使瓶塞污染，如果瓶塞的顶是扁平的，取出后可倒置桌上；如果不是扁平的，可用食指和中指(或中指和无名指)将瓶塞夹住(或放在清洁的表面皿上)，绝不可将瓶塞横置桌上。

固体药品需用清洁、干燥的药匙(有塑料、玻璃或牛角的)取用，不得用手直接拿取。

液体药品一般用量筒量取，或用滴管吸取。用滴管将液体滴入试管中时，应用左手垂直地拿持试管，右手持滴管橡皮头将滴管放在试管口的正中上方，然后挤捏橡皮头，使液体恰好滴入试管中。绝不可将滴管伸入试管中，否则，滴管口易碰上试管壁，并可能沾上其他液体，再将此滴管放回药品瓶中则会沾污药品。若所用的是滴瓶上的滴管，使用后应立即插回原来的滴瓶中。不得把沾有液体药品的滴管横放或倒置，以免液体流入滴管的橡皮头导致污染。

用量筒量取液体时，应左手持量筒，并以大拇指指示所需体积的刻度处；右手持药品瓶(药品标签应在手心处)，瓶口紧靠量筒口边缘，慢慢注入液体到所指刻度。

药品取用后，必须立即将瓶塞盖好。实验室中药品瓶安放，一般有一定的次序和位置，不要任意更动。若需移动药品瓶，使用后应立即放回原处。

取用浓酸、浓减等腐蚀性药品时，务必注意安全。如果酸、减等洒在桌上，应立即用湿

布擦去，如果沾到眼睛或皮肤上要立即用大量清水冲洗。

3. 测定过程中的危害与控制

（1）温度。对润滑油氧化过程的速率影响很大。通常，试验温度规定为125℃ ±0.5℃（不同油品，还可以改变试验温度），高于此温度氧化速率将加快，低于此温度氧化速率则变慢。

（2）气流速度。气体通入的流速对测定结果也有影响，增加氧气的通入量，能加快氧化反应速率；反之，通入的氧气量低于标准规定要求，则会减慢氧化反应速率。

（3）金属催化剂形状。试验中所加入的金属部件的尺寸大小以及处理情况等都会对测定结果产生影响，因为这些金属是试样氧化作用的催化剂，尺寸和表面处理情况将影响油品与催化剂的有效接触面积，从而制约试样的氧化变质过程。

（4）仪器设备清洁程度。氧化管等仪器必须洗净、干燥，内部不残存任何污物及水分，否则有可能使测定结果偏高。因为洗涤液、有机酸等都可能加速油品的氧化；水分存在能加速金属腐蚀形成有机酸盐，从而在油品的氧化中起着催化作用。

二、热氧化安定性测定中的危害与控制

润滑油热氧化安定性按 SH/T 0259—1992（2004）《润滑油热氧化安定性测定法》标准试验方法进行，适用于测定润滑油热氧化安定性。

1. 溶剂抽提中的危害与控制

测定中要求的抽提溶剂为正庚烷。正庚烷是无色挥发液体，不溶于水，乙醇、乙醚、氯仿。极易着火。蒸气与空气形成爆炸性混合物，爆炸极限1.0%～6.0%（体积）。操作中须将其存放于阴凉处，远离热源。注意通风，不得有明火。

同时，在用正庚烷抽提蒸发皿的过程中，必须严格按照操作步骤进行，及时开通冷凝水，防止正庚烷冲出，引发意外事故发生。

另外，方法标准中对抽提溶剂正庚烷有明确的要求，所用的正庚烷不应含有芳烃组分，否则将影响测定结果。

2. 加热过程中的危害与控制

在整个试验过程中，温度控制在250℃ ±1℃，蒸发皿的加热应保持这一温度，否则会影响测定结果。所以，在取放蒸发皿时不得用手直接拿取蒸发皿，避免烫伤。

3. 滴加试样中的危害与控制

试样量及其均匀性滴入蒸发皿中的试样量均匀性对结果影响很大。所用加样吸液管除事先需要校正尖端大小外，还要保证每份加样量为4滴，在滴加试样时不应连续4滴一次加入一个蒸发皿内，应分别滴在不同的蒸发皿上，这样操作的误差最小。否则，因温度及最初和最后所加入试样的表面张力、黏度的不同，将影响到各个蒸发皿内试样的油层厚度。

第五节 石油产品灰分测定中的危害与控制

灰分是指在规定条件下，试样被碳化后的残留物经煅烧所得的无机物，以质量分数表示。石油产品中的灰分一般来源于设备腐蚀生成的金属盐类，或是酸碱精制、白土处理过程中脱渣不完全，或是石油产品在储存、运输和使用过程中混入铁锈、金属氧化物和金属盐类所致。测定时，它们经高温煅烧生成不挥发性氧化物，其中主要是 CaO，MgO，Fe_2O_3，Al_2O_3，SiO：以及钒、镍、钠、锰等微量金属的氧化物。石油产品中的灰分含量一般只有万分之几或十万分之几。

燃料油和润滑油灰分测定采用 GB/T 508—1985（1991）法，润滑脂灰分则按 SH/T 0327—1992 法测定。两法均是用无灰滤纸引火燃烧试样，并将碳质残留物在高温电炉中煅烧成灰分，以质量分数表示。

一、高温电炉使用中的危害与控制

高温炉都有配套的自动控温仪，用来设定、控制、测量炉内的温度。使用中极易产生意外，必须严格按照操作要求正确使用。

（1）高温电炉要放置在牢固的水泥台面上，周围不要存放化学试剂，更不可有易燃易爆品。

（2）高温炉要有专用电闸控制电源。

（3）新炉第一次加热时，温度要多次逐段调节，缓慢升高。

（4）在炉内熔融或灼烧试样时，必须严格控制升温速度和最高炉温，以免样品飞溅，腐蚀和粘结炉膛。如灼烧有机物、滤纸等，必须预先灰化。

（5）炉膛内最好衬上洁净、平整的耐火材料薄板，以免偶然发生溅失时损坏炉壁。

（6）用完后要先断电，待温度降至 200℃以下后，才能打开炉门。

二、测定过程中的危害与控制

1. 小心使用剪刀，避免割伤手指

用一张定量滤纸两折，卷成圆锥状，用剪刀把距尖端 5～10mm 之顶端部分剪去，放入坩埚内。

2. 正确引燃试样，以免试样从坩埚溢出

待引火芯浸透试样后，点火燃烧。燃烧时要适当加热，严格掌握燃烧速度，维持火焰高度在 10 cm 左右，以免试样从坩埚溢出和火焰高度过高带走灰分微粒。

3. 小心转移坩埚，防止意外事故发生

试样燃烧之后，带上防护手套，用坩埚钳将盛有残渣的坩埚移入加热到 775℃ ±25℃的高温炉中。移入过程中应注意防止突然爆燃、冲出。可能时，可把坩埚先移入炉中，或于温度较低时移入炉中，其后才升至 775℃ ±25℃。

4. 严格操作，确保试验结果准确

（1）燃烧期间试样一定要燃尽，否则坩埚放入高温电炉时因突燃而带走灰分微粒。

（2）含有添加剂的试样在称取试样前应充分摇匀，以避免由于某些添加剂的油溶性及稳定性差而影响结果的准确性。

（3）滤纸卷成圆锥体，放入坩埚中要求紧贴坩埚内壁，并使滤纸全部浸湿，以防试样尚未烧完滤纸早已烧光，起不到引火芯的作用。

（4）从高温电炉中取出坩埚，在外面放置时要注意防止气流吹走灰分微粒。

（5）煅烧、冷却、称量应严格按规定温度和时间进行。

第六节　石油产品介质损失角和击穿电压测定中的危害与控制

介质损失角和击穿电压主要用来评定电器用绝缘油电性能的指标。电器用油既可单独应用又可与其他固体绝缘材料一起，作为电器设备的绝缘介质或导热载体，抑或两者兼而有之。介质损失和击穿电压是评定电器用油电性能以及使用过程中油品变质程度或受污染情况和保证安全运行的重要指标。如果运行中的油品变质、电性能下降，则需要及时更换新油或对使用过的油品进行再生处理。

一、介质损失角的测定中的危害与控制

测定电器用油介质损失角正切，按 SH/T 0268—1992(2004)《电器用油介质损失角正切测定法》标准试验方法进行，该方法主要适用于测定电器用油的介质损失。测定时用高压交流电桥，在工频交变电场作用下，测定电器用油的介质损失，用介质损失角正切值表示。

1. 试验电压的危害与控制

电器用油的介质损失在很大程度上与电压有关。一般在电压较低的情况下进行介质损失角测量时，电压对介质损失角没有明显的影响。当试验电压提高时，因介质中的空气孔隙在电场作用下产生游离，引起电能损失显著增加。所以，介质损失角随电压的升高而增加。为此，测量时加到电器用油上的电压应按规定选择，以便接近油品的工作电压，符合实际情况。

2. 水分的危害与控制

电器绝缘油通常是由石油馏分油经深度精制后所得的产品，其本身化学组成对绝缘性能的影响不大。但有水进入时，微量水分在油品中因电场作用而定向排列，从而增强导电功能，使介质损失增加。例如，当油品含水超过 60mg/kg 时，对介质损失角的测定将产生明显影响。因此，测量时应在规定允许的相对湿度环境下进行，同时，在油品的储存和使用过程中都要注意防止水分浸入。

3. 温度的危害与控制

油品的极性很弱，其介质损耗主要是电导损耗，当温度升高时，其电导电流增大，因此其介质损失角正切值也随之增大。换言之，在较高温度下测定介质损失角正切值比在较低温度时测定更为灵敏。为此，介质损失角的测量应在规定温度下进行，通常，测试温度控制在 90℃。

4. 试样处理中危害

待测试样在测试前，还应摇匀、过滤，并防止气泡生成，使注入油杯内的试样不存有气泡及其他杂质。

5. 环境的危害

应防止电磁场干扰和机械震动的影响，注意不要随意搬动仪器。

二、击穿电压测定中的危害与控制

测定电器绝缘油击穿电压(或介电强度)，按 GB/T 507—2002《绝缘油击穿电压测定法》标准试验方法进行，该标准等效采用 IEC 156—1995，主要适用于测定 40℃时运动黏度不大于 350 mm^2/s 的各种绝缘油，包括未使用过的绝缘油的交接试验和设备监测以及保养时对样品状况的评定。

测定时，向置于规定设备中的被测试样上施加按一定速率连续升压的交变电场，直至试样被击穿，计算 6 次测定结果的平均值，作为击穿电压的报告值。

1. 电极形状和电极间的距离的危害与控制

测定电器用油击穿电压用的电极是一对平板电极，必须使电极的边缘呈圆形，因为尖锐的边缘会引起尖端放电效应，将不规范的电极置入油中进行试验，容易使试样炭化而导致击穿，影响测定结果。

电极距离过小容易击穿，测定结果偏小；反之，测定结果偏大。

2. 温度的危害与控制

纯净、干燥的油品，当温度在80℃以下时，其击穿电压与温度几乎无关。当油品中有水分存在时，在较低温度的应用环境中，因为水分易于形成冰的结晶，所以温度对击穿电压影响很大；在60～70℃时，温度对击穿电压的影响也不大；超过80℃时，因水分开始部分汽化，则温度对击穿电压的影响逐渐增大。

3. 水分及其他杂质的危害与控制

一般水分对击穿电压的影响很大，但却不是正相关的关系。若油品中含有微量的水分，其击穿电压便急剧下降；而当油品含水质量分数超过0.06%时，其击穿电压基本稳定，这是因为油品对水的溶解量有一定的限度，过多的水分将沉于容器的底部而离开高压电场区，所以对击穿电压影响不大。若油品中含有灰尘和其他杂质，由于杂质能够吸收潮湿空气中的水分，击穿电压也将会降低。有关数据表明，当油品中含水质量分数达0.01%时，击穿电压可维持在15kV左右；当含水质量分数增加到0.03%时，击穿电压则降到6kV左右。

附录

一、常用金属片成分

（一）加工铜的化学成分(GB 5231—1985)

组别	牌号	代号	元素	化学成分/%													
				Cu + Ag	P	Ag	Bi	Sb	As	Fe	Ni	Pb	Sn	S	Zn	O	杂质总和
纯铜	一号铜	T1	最小值	99.95	—	—	—	—	—	—	—	—	—	—	—	—	—
			最大值	—	0.001	—	0.001	0.002	0.002	0.005	0.002	0.003	0.002	0.005	0.005	0.02	0.05
	二号铜	T2	最小值	99.90	—	—	—	—	—	—	—	—	—	—	—	—	—
			最大值	—	—	—	0.001	0.002	0.002	0.005	0.005	0.005	0.002	0.005	0.005	0.06	0.1
	三号铜	T3	最小值	99.70	—	—	—	—	—	—	—	—	—	—	—	—	—
			最大值	—	—	—	0.002	0.005	0.01	0.05	0.2	0.01	0.05	0.01	—	0.1	0.3
无氧铜	一号无氧铜	TU1	最小值	99.97	—	—	—	—	—	—	—	—	—	—	—	—	—
			最大值	—	0.002	—	0.001	0.002	0.002	0.004	0.002	0.003	0.002	0.004	0.003	0.002	0.03
	二号无氧铜	TU2	最小值	99.95	—	—	—	—	—	—	—	—	—	—	—	—	—
			最大值	—	0.002	—	0.001	0.002	0.002	0.004	0.002	0.004	0.002	0.004	0.003	0.003	0.05
磷脱氧铜	一号脱氧铜	TP1	最小值	99.90	0.005	—	—	—	—	—	—	—	—	—	—	—	—
			最大值	—	0.012	—	0.002	0.002	0.002	0.01	0.005	0.005	0.002	0.005	0.005	0.01	0.1
	二号脱氧铜	TP2	最小值	99.85	0.013	—	—	—	—	—	—	—	—	—	—	—	—
			最大值	—	0.05	—	0.002	0.002	0.005	0.05	0.01	0.005	0.01	0.005	—	0.01	0.15
银铜	0.1银铜	TAg0.1	最小值	99.5	—	0.06	—	—	—	—	—	—	—	—	—	—	—
			最大值	—	—	0.12	0.002	0.005	0.01	0.05	0.2	0.01	0.05	0.01	—	0.1	0.3

注：表中仅列出最大值的为杂质成分，其余为主成分。

（二）加工黄铜的化学成分

组别	牌号	代号	元素	化学成分/%										
				Cu	Sn	Ni	Al	Fe	Pb	Sb	Bi	P	Zn	杂质总和
普通黄铜	96 黄铜	H 96	最小值	95.0				—	—	—	—	—	余量	—
			最大值	97.0				0.10	0.03	0.005	0.002	0.01		0.2
	90 黄铜	H 90	最小值	88.0				—	—	—	—	—	余量	—
			最大值	91.0				0.10	0.03	0.005	0.002	0.01		0.2
	85 黄铜	H 85	最小值	84.0				—	—	—	—	—	余量	—
			最大值	86.0				0.10	0.03	0.005	0.002	0.01		0.3
	80 黄铜	H 80	最小值	79.0				—	—	—	—	—	余量	—
			最大值	81.0				0.10	0.03	0.005	0.002	0.01		0.3

续表

组别	牌号	代号	元素	化学成分/%										
				Cu	Sn	Ni	A1	Fe	Pb	Sb	Bi	P	Zn	杂质总和
普遍黄铜	70 黄铜	H 70	最小值	68.5				—	—	—	—	—	余量	—
			最大值	71.5				0.10	0.03	0.005	0.002	0.01		0.3
	68 黄铜	H 68	最小值	67.0				—	—	—	—	—	余量	—
			最大值	70.0				0.10	0.03	0.005	0.002	0.01		0.3
	65 黄铜	H 65	最小值	63.5				—	—	—	—	—	余量	—
			最大值	68.0				0.10	0.03	0.005	0.002	0.01		0.3
	63 黄铜	H 63	最小值	62.0				—	—	—	—	—	余量	—
			最大值	65.0				0.15	0.08	0.005	0.002	0.01		0.5
	62 黄铜	H 62	最小值	60.5				—	—	—	—	—	余量	—
			最大值	63.5				0.15	0.08	0.005	0.002	0.01		0.5
	59 黄铜	H 59	最小值	57.0				—	—	—	—	—	余量	—
			最大值	60.0				0.3	0.5	0.01	0.003	0.01		1.0
铅黄铜	63-3 铅黄铜	HPb 63-3	最小值	62.0		—		—	2.4	—	—	—	余量	—
			最大值	65.0		0.5		0.10	3.0	0.005	0.002	0.01		0.75
	63-0.1 铅黄铜	HPb 63-0.1	最小值	61.5		—		—	0.05	—	—	—	余量	—
			最大值	63.5		0.2		0.15	0.3	0.005	0.002	0.01		0.5
	62-0.8 铅黄铜	HPb 62-0.8	最小值	60.0		—		—	0.5	—	—	—	余量	—
			最大值	63.0		0.2		0.2	1.2	0.005	0.002	0.01		0.75
	61-1 铅黄铜	HPb 61-1	最小值	59.0		—		—	0.6	—	—	—	余量	—
			最大值	61.0		0.2		0.15	1.0	0.005	0.002	0.01		0.75
	59-1 铅黄铜	HPb 59-1	最小值	57.0		—		—	0.8	—	—	—	余量	—
			最大值	60.0		0.2		0.5	1.9	0.01	0.003	0.02		1.0
锡黄铜	90-1 锡黄铜	HSn 90-1	最小值	88.0	0.25			—	—	—	—	—	余量	—
			最大值	91.0	0.75			0.10	0.03	0.005	0.002	0.01		0.2
	62-1 锡黄铜	HSn 62-1	最小值	61.0	0.7			—	—	—	—	—	余量	—
			最大值	63.0	1.1			0.10	0.10	0.005	0.002	0.01		0.3
	60-1 锡黄铜	HSn 60-1	最小值	59.0	1.0			—	—	—	—	—	余量	—
			最大值	61.0	1.5			0.10	0.30	0.005	0.002	0.01		1.0
铅黄铜	63-3 铅黄铜	HPb 63-3	最小值	62.0		—		—	2.4	—	—	—	余量	—
			最大值	65.0		0.5		0.10	3.0	0.005	0.002	0.01		0.75
	63-0.1 铅黄铜	HPb 63-0.1	最小值	61.5		—		—	0.05	—	—	—	余量	—
			最大值	63.5		0.2		0.15	0.3	0.005	0.002	0.01		0.5
	62-0.8 铅黄铜	HPb 62-0.8	最小值	60.0		—		—	0.5	—	—	—	余量	—
			最大值	63.0		0.2		0.2	1.2	0.005	0.002	0.01		0.75

续表

组别	牌号	代号	元素	化学成分/%										
				Cu	Sn	Ni	Al	Fe	Pb	Sb	Bi	P	Zn	杂质总和
铅黄铜	611	HPb	最小值	59.0		—		—	0.6	—	—	—	余量	—
	铅黄铜	61-1	最大值	61.0		0.2		0.15	1.0	0.005	0.002	0.01		0.75
	59-1	HPb	最小值	57.0		—		—	0.8	—	—	—	余量	—
	铅黄铜	59-1	最大值	60.0		0.2		0.5	1.9	0.01	0.003	0.02		1.0
锡黄铜	90-1	HSn	最小值	88.0	0.25			—	—	—	—	—	余量	—
	锡黄铜	90-1	最大值	91.0	0.75			0.10	0.03	0.005	0.002	0.01		0.2
	62-1	HSn	最小值	61.0	0.7			—	—	—	—	—	余量	—
	锡黄铜	62-1	最大值	63.0	1.1			0.10	0.10	0.005	0.002	0.01		0.3
	60-1	HSn	最小值	59.0	1.0			—	—	—	—	—	余量	—
	锡黄铜	60-1	最大值	61.0	1.5			0.10	0.30	0.005	0.002	0.01		1.0

（三）炭素钢的化学成分（GB 699—1988）

序号	牌号	化学成分/%							
		C	Si	Mn	P	S	Ni	Cr	Cu
					不大于				
1	08 F	0.05~0.11	≤0.03	0.25~0.50	0.035	0.035	0.25	0.10	0.25
2	10 F	0.07~0.14	≤0.07	0.25~0.50	0.035	0.035	0.25	0.15	0.25
3	15 F	0.12~0.19	≤0.07	0.25~0.50	0.035	0.035	0.25	0.25	0.25
4	08	0.05~0.12	0.17~0.37	0.35~0.65	0.035	0.035	0.25	0.10	0.25
5	10	0.07~0.14	0.17~0.37	0.35~0.65	0.035	0.035	0.25	0.15	0.25
6	15	0.12~0.19	0.17~0.37	0.35~0.65	0.035	0.035	0.25	0.25	0.25
7	20	0.17~0.24	0.17~0.37	0.35~0.65	0.035	0.035	0.25	0.25	0.25
8	25	0.22~0.30	0.17~0.37	0.50~0.80	0.035	0.035	0.25	0.25	0.25
9	30	0.27~0.35	0.17~0.37	0.50~0.80	0.035	0.035	0.25	0.25	0.25
10	35	0.32~0.40	0.17~0.37	0.50~0.80	0.035	0.035	0.25	0.25	0.25
11	40	0.37~0.45	0.17~0.37	0.50~0.80	0.035	0.035	0.25	0.25	0.25
12	45	0.42~0.50	0.17~0.37	0.50~0.80	0.035	0.035	0.25	0.25	0.25
13	50	0.47~0.55	0.17~0.37	0.50~0.80	0.035	0.035	0.25	0.25	0.25
14	55	0.52~0.60	0.17~0.37	0.50~0.80	0.035	0.035	0.25	0.25	0.25
15	60	0.57~0.65	0.17~0.37	0.50~0.80	0.035	0.035	0.25	0.25	0.25
16	65	0.62~0.70	0.17~0.37	0.50~0.80	0.035	0.035	0.25	0.25	0.25
17	70	0.67~0.75	0.17~0.37	0.50~0.80	0.035	0.035	0.25	0.25	0.25
18	75	0.72~0.80	0.17~0.37	0.50~0.80	0.035	0.035	0.25	0.25	0.25
19	80	0.77~0.85	0.17~0.37	0.50~0.80	0.035	0.035	0.25	0.25	0.25
20	85	0.82~0.90	0.17~0.37	0.50~0.80	0.035	0.035	0.25	0.25	0.25
21	15 Mn	0.12~0.19	0.17~0.37	0.70~1.00	0.035	0.035	0.25	0.25	0.25
22	20Mn	0.17~0.24	0.17~0.37	0.70~1.00	0.035	0.035	0.25	0.25	0.25
23	25 Mn	0.22~0.30	0.17~0.37	0.70~1.00	0.035	0.035	0.25	0.25	0.25
24	30 Mn	0.27~0.35	0.17~0.37	0.70~1.00	0.035	0.035	0.25	0 25	0.25
25	35 Mn	0.32~0.40	0.17~0.37	0.70~1.00	0.035	0.035	0.25	0.25	0.25
26	40 Mn	0.37~0.45	0.17~0.37	0.70~1.00	0.035	0.035	0.25	0.25	0.25

续表

序号	牌号	化学成分/%							
		C	Si	Mn	P	S	Ni	Cr	Cu
					不大于				
27	45 Mn	0.42~0.50	0.17~0.37	0.70~1.00	0.035	0.035	0.25	0.25	0.25
28	50 Mn	0.48~0.56	0.17~0.37	0.70~1.00	0.035	0.035	0.25	0.25	0.25
29	60 Mn	0.57~0.65	0.17~0.37	0.70~1.00	0.035	0.035	0.25	0.25	0.25
30	65 Mn	0.62~0.70	0.17~0.37	0.70~1.00	0.035	0.035	0.25	0.25	0.25
31	70 Mn	0.67~0.75	0.17~0.37	0.70~1.00	0.035	0.035	0.25	0.25	0.25

（四）铝的化学成分（GB 3190—1982）

序号	组别	合金名称	代号	化学成分/%														备注
				Cu	Mg	Mn	Fe	Si	Zn	Ni	Cr	Ti	Be	Fe+Si	其他杂质 单个	其他杂质 合计	Al	
1	工业高纯铝	五号工业高纯铝	LG5	0.005			0.003	0.0025							0.002		99.99	原L03
2	工业高纯铝	四号工业高纯铝	LG4	0.005			0.015	0.015							0.005		99.97	原L02
3	工业高纯铝	三号工业高纯铝	LG3	0.01			0.04	0.04							0.007		99.93	原L01
4	工业高纯铝	二号工业高纯铝	LG1	0.01			0.06	0.06							0.01		99.9	原L0
5	工业高纯铝	一号工业高纯铝	LG1	0.01			0.10	0.08							0.01		99.85	原L00
6	工业纯铝	一号工业纯铝	L1	0.01			0.16	0.16						0.26	0.03		99.7	
7	工业纯铝	二号工业纯铝	L2	0.01			0.25	0.20						0.36	0.03		99.6	
8	工业纯铝	三号工业纯铝	L3	0.015			0.30	0.30						0.45	0.03		99.5	
9	工业纯铝	四号工业纯铝	L4	0.05			0.35	0.40						0.60	0.03		99.3	
10	工业纯铝	四减一号工业纯铝	L4-1	0.005	0.01	0.01	0.15~0.30	0.10~0.20	0.02	0.01		0.02			0.03		99.3	原L41
11	工业纯铝	五号工业纯铝	L5	0.05			0.50	0.50						0.9	0.05	0.15	99.0	
12	工业纯铝	五减一号工业纯铝	L5-1	0.05~0.20		0.05			0.10					1.0	0.05	0.15	99.0	原L51
13	工业纯铝	六号工业纯铝	L6	0.10	0.10	0.10	0.50	0.55	0.10					1.0	0.05	0.15	98.8	

(五) 铅的化学成分(GB 469—1995)

牌号	化学成分/%									
	Pb	杂质不大于								
	不小于	Ag	Cu	Bi	As	Sb	Sn	Zn	Fe	总和
Pb 99.994	99.994	0.0005	0.001	0.003	0.0005	0.001	0.001	0.0005	0.0005	0.006
Pb 99.99	99.99	0.001	0.001 5	0.005	0.001	0.001	0.001	0.001	0.001	0.01
Pb 99.96	99.96	0.001 5	0.002	0.03	0.002	0.005	0.002	0.001	0.002	0.04
Pb 99.90	99.90	0.002	0.01	0.03	0.01	0.05	0.05	0.002	0.002	0.10

二、常用磨粒、砂纸(布)规格

(一) 磨粒粒度规格

名称	粒度号	粒度尺寸范围/μm	粒度号	粒度尺寸范围/μm
磨粒	12	2000 ~ 1600	70	250 ~ 200
	14	1 600 ~ 1 250	80	200 ~ 160
	16	1 250 ~ 1 000	100	160 ~ 125
	20	1 000 ~ 800	120	125 ~ 100
	24	800 ~ 630	150	100 ~ 80
	30	630 ~ 500	180	80 ~ 63
	36	500 ~ 400	220	63 ~ 50
	46	400 ~ 315	240	50 ~ 40
	60	315 ~ 250		
微粉	W40	40 ~ 28	W5	5 ~ 3.5
	W28	28 ~ 20	W3.5	3.5 ~ 2.5
	20	20 ~ 14	W2.5	2.5 ~ .5
	14	14 ~ 10	W1.5	1.5 ~ 1
	10	10 ~ 7	W1	1 ~ 0.5
	7	7 ~ 5	W0.5	0.5 ~ 更微小

(二) 砂布规格

代号		7/0	6/0	5/0	4/0	3/0	2/0	0	1
磨粒粒序号数	上海	W28	W40	280	240	180	150	120	100
	天津				200	180	160	120	100
代号		1	2		3		4	5	6
磨粒粒序号数	上海	80	60	46	36	30	24		
	天津	80	60	46	36	—	30	24	18

注：① 习惯也将 4/0 写成 0000，凡分母为零的均可如此写。

② 砂布规格(mm)：页状——228 × 280；卷状——228 × 50000，684 × 50000。

③ 磨粒为刚玉。

（三）水砂纸的规格

代　　号		180	220	240	280	320	400	500	600
磨粒粒度号数	上海	100	120	150	180	220	240	280	320
	天津	120	150	160	180	220	260	—	—

注：① 砂布规格 mm：页状——228×280；卷状——228×50000，684×50000。

② 磨粒为刚玉和碳化硅。

③ 用于水或油中的物品的磨光。

（四）金相砂纸

代　　号	1	0	01	02	03	04	05	06
磨粒粒度号数	280	W40	W28	W20	W14	W10	W7	W5

注：① 砂布规格（mm）：228×280；② 磨粒为刚玉和碳化硅；③ 用于抛光金相样品。

三、压缩气体钢瓶的标志

内装气体名称	外表涂料颜色	字样	字样颜色	横条颜色
氧气	天蓝	氧	黑	—
氢气	深绿	氢	红	红
氮气	黑	氮	黄	棕
氩气	灰	氩	绿	—
压缩空气	黑	压缩空气	白	—
石油气体	灰	石油气体	红	红
硫化氢	白	硫化氢	红	黄
二氧化硫	黑	二氧化硫	白	—
一氧化碳	黑	二氧化碳	黄	红
光气	草绿	光气	红	—
氨气	黄	氨	黑	白
氯气	草绿	氯	白	—
氮气	棕	氮	白	—
氖气	褐红	氖	白	黑
丁烯	红	丁烯	黄	—
氧化亚氮	灰	氧化亚氮	黑	—
环丙烷	橙黄	环丙烷	黑	—
乙烯	紫	乙烯	红	—
乙炔	白	乙炔	红	—
氟氯烷	铅白	氟氯烷	黑	—
其他可燃气	红	（气体名称）	白	—
其他非可燃气	黑	（气体名称）	黄	

四、常用浴的加热介质及加热温度

物质名称	使用的温度范围	物质名称	使用的温度范围
酒精低温浴	-100～41℃	甘油（丙三醇）	-20～260℃
	-41～1℃	硅油	-40～250℃
水浴	98℃	空气浴	300℃以下
液体石蜡	250℃以下	砂浴	400℃以下
油浴	250℃以下		

五、常用清洗液

洗液名称	洗液配法	用途、用法	注意事项
铬酸洗液	称 20g 工业 $K_2Cr_2O_7$，加 40mL 水，加热溶解。冷却后，将 360mL 浓 H_2SO_4 沿玻棒慢慢加入上述溶液中，边加边搅。冷却，转入细口瓶备用	一般油污，用途最广。浸泡、涮洗	① 具有强腐蚀性，防止烧伤皮肤、衣物； ② 用毕回收，可反复使用。储存瓶要盖紧，以防吸水失效； ③ 如呈绿色，则失效。可加入浓 H_2SO_4，Cr^{3+} 氧化后继续使用
碱性乙醇洗液	6g NaOH 溶于 6 g 水中，再加入 50mL 乙醇(95%)	油脂、焦油、树酯。浸泡、涮洗	① 应贮于胶塞瓶中，久储易失效； ② 防止挥发，防火
碱性高锰酸钾洗液	4 g$KMnO_4$溶于少量水，加入 10g NaOH，再加水至 100mL	油污、有机物 浸泡	浸泡后器壁上会残留 MnO_2 棕色污迹，可用 HCl 洗去
磷酸钠洗液	57g Na_3PO_4，28.5g 油酸钠，溶于 470mL	碳的残留物 浸泡、涮洗	浸泡数分种后再涮洗
硝酸－过氧化氢洗液	15% ~20% HNO_3加等体积的 5% H_2O_2	特殊难洗的化学污物	久存易分解，应现用现配。存于棕色瓶
碘－碘化钾洗液	1gI_2，2gKI，混合研磨，溶于少量水后，再加水至 100mL	$AgNO_3$的褐色残留污物	
有机溶剂	如苯、乙醚、丙酮、酒精、二氯乙烷、氯仿等	油污。可溶于该溶剂的有机物	① 注意毒性、或燃性； ② 用过的废溶剂应回收蒸馏后仍可继续用

六、常用化学试剂的一般性质

试剂	密度/(g/cm^3)	熔点/℃	沸点/℃	在水中溶解度[②]		一般性质
				20℃	100℃	
盐酸 HCl 36.463[①]	1.19			38	20.3 (110℃)	无色液体，发烟，极易溶于水，具有强酸性，能与许多金属和金属氧化物作用，强腐蚀性
硫酸 H_2SO_4 98.08	1.84	10.45	336.5 时分解	∞[③]	∞	无色透明油状液体，有强烈的吸水性，是很强的干燥剂，能夺取有机物中的水分使之炭化，触及皮肤引起溃伤。与水作用产生大量热，故只能将酸徐徐加入水中，否则由于剧烈作用溅出灼伤人
硝酸 HNO_3 63.016	1.42	-41	86 时分解	∞	∞	无色液体，为强氧化剂，化学稳定性较差，易受热和光的作用而分解为 NO_2，使硝酸呈桔红色，应用磨口有色玻璃瓶储存，为金属和金属氧化物的溶剂

续表

试剂	密度/(g/cm³)	熔点/℃	沸点/℃	在水中溶解度[②]		一般性质
				20℃	100℃	
磷酸 H_3PO_4 98.00	1.70		160	548	易溶	无色糖浆状液体，无气味有酸味，分析纯磷酸含85%，磷酸加热时失去水分，先变成焦磷酸，继变为偏磷酸。磷酸在常温时具有微弱的腐蚀性。200～300℃时腐蚀性特强，为许多矿物之良好溶剂。磷酸能与钨、钡、铁形成配合物
氢氟酸 HF 20.01	1.15～ 1.18			47～53		无色液体，能腐蚀玻璃，有毒，触及皮肤会造成严重灼伤和溃烂。用以分解硅酸盐和含硅、钨酸较高的金属试样与三价和四价元素能形成螯合物
高氯酸 $HClO_4$ 100.47	1.76	－112	203	60～70		无色液体。水溶液稳定，加热至冒烟时，有极强的氧化作用，许多不溶于盐酸、硫酸、硝酸的物质，都可为高氯酸所分解，与有机物作用易爆炸，因此操作时应特别注意
硼酸 H_3BO_3 61.84	1.44	分解 >70	$-1/2H_2O$ 300	5	40.3	无色鳞片结晶或白色晶体粉末，0.1 mol/L溶液的pH为5.1
醋酸 CH_3COOH 60.054	1.049	16.6	118.1	∞		无色液体，有强烈刺激性的酸味，含量99%以上。凝固点在14.8℃以上的为冰醋酸，冰醋酸对皮肤有强烈的腐蚀作用
氢氧化钾 KOH 56.104	2.04	360.40	1 320	112	178	又称苛性钾，为白色固体，有块状，粒状与棒状。易吸收空气中CO_2和水分而潮解为碳酸钾，易溶于水。溶解时放热，腐蚀性强，烧伤皮肤及毛织品，配制时有强烈气味刺激呼吸道，应注意安全
氢氧化钠 NaOH 40.01	2.13	328	1 390	109	347	白色固体，有块状、粒状、棒状，易吸收空气中CO_2和水，潮解变成碳酸钠，易溶于水和乙醇，溶于水时放出大量热。腐蚀性强，烧伤皮肤及毛织品，配制时有强烈刺激味，应注意安全
氢氧化钙 $Ca(OH)_2$ 74.10	2.1～ 2.3	$-H_2O$ 580		0.165	0.077	白色粉末，在空气中易吸收CO_2变为碳酸钙。在水中的溶解度很小

续表

试剂	密度/ (g/cm³)	熔点/ ℃	沸点/ ℃	在水中溶解度②		一般性质
				20℃	100℃	
氢氧化钡 $Ba(OH)_2 \cdot 8H_2O$ 315.59	2.19	78，失水	$-8H_2O$ 780	5.60 (15℃)	101.4	白色晶体物质，难溶于乙醇，不溶于乙醚，能溶于水
氨水 $NH_3 \cdot H_2O$ 35.048	0.9			25		无色透明，有强烈刺激气味的液体，有强碱性反应，易挥发，加热至沸时氨完全逸出。久置于空气中能吸收 CO_2 生成碳酸铵。空气中氨达 0.5% 时，易使人中毒。开瓶塞应以湿毛巾盖着，以免氨水冲出伤人
碳酸钠 Na_2CO_3 106.0	2.53	851	分解	21.5	45.5	白色粉末，与碳酸钾 1∶1 混合，其熔点降低，用作熔融剂，其水溶液呈强碱性，pH 值为 11.6
氯化钠 NaCl 58.454	2.16	800	1 440	36	39.1	白色结晶，易溶于水，不溶于醇，在空气中比较稳定
硝酸钠 $NaNO_3$ 85.01	2.26	308	380，分解	87.5	180	无色结晶，易溶于水，在 380℃ 分解成亚硝酸钠和氧气，具有氧化性。与有机物、硫磺等接触即着火燃烧和爆炸
氯化钾 KCl 74.56	1.99	768	1 417	34	56.7	无色结晶，易溶于水，甘油、醇，不溶于醚和丙酮
硝酸钾 KNO_3 101.11	2.11	334	400，分解	31.7	246	无色透明结晶。不吸潮，易溶于水，在 400℃ 时分解为亚硝酸钾和氧。具强氧化性。与有机物、硫磺触击燃烧爆炸
氟化钾 KF 58.10	2.48	846	1 505	95	150 (80℃)	白色结晶粉末，能溶于水，呈碱性反应，不溶于乙醇，与硫酸作用逸出氢氟酸
铁氰化钾 $K_3[Fe(CN)_6]$ 329.25	1.89	分解		44	77.5	血红色结晶（俗称赤血盐），易溶于水，不溶于乙醇，水溶液呈黄色，在酸中分解，有毒
亚铁氰化钾 $K_4[Fe(CN)_6] \cdot 3H_2O$ 422.39	1.85	$-3H_2O$ 70	分解	27.8 (12℃)	90.6 (96℃)	淡黄色结晶（俗称黄血盐），在分析上常为锌的标准溶液和锌、镉等的沉淀掩蔽剂
钼酸铵 $(NH_4)_6Mo_7-O_{24} \cdot 4H_2O$ 1235.86	2.498	90，$-H_2O$	90，分解			无色或微绿色及微黄色结晶，能溶于水、酸和碱，不溶于醇。为分析磷、砷的主要试剂

续表

试剂	密度/(g/cm^3)	熔点/℃	沸点/℃	在水中溶解度[2]		一般性质
				20℃	100℃	
氯化铵 NH_4Cl 53.5	1.53	分解	升华	37.5	77.3	白色结晶，易溶于水，水溶液呈酸性，能溶于乙醇，加热 337.8℃则分解成氨和氯化氢逸出，为配制氨性缓冲溶液的主要试剂
醋酸铵 CH_3COONH_4 77.084	1.073	114		148		无色带有醋酸气味的针状结晶，易溶于水和乙醇，极易潮解，在高温下分解
醋酸钠 CH_3COONa 82.04	1.528	324		119	170	白色粉末，易溶于水，呈强碱性反应
硝酸银 $AgNO_3$ 169.89	4.355	208	444，分解	218	910	无色结晶。易溶于水和醇，其水溶液为中性，较易溶于氨水，水溶液在光的作用下析出金属银的黑色微粒。加热至450℃分解成银，二氧化氮和氧，有毒。具氧化性，避光保存
磷酸氢二钠 $Na_2HPO_4 \cdot 12H_2O$ 358.17	1.52	34～41	$-H_2O$ 36.4 $-12H_2O$ 100	6.3（0℃）	易溶	无色透明结晶，在空气中易风化而脱水，易溶于水，其水溶液呈碱性，加热至100℃失去水分，加热至250℃变为焦磷酸钠
磷酸二氧钾 KH_2PO_4 136.09	2.338	分解		25（25℃）	能溶	无色结晶或白色颗粒粉末，易溶于水。水溶液的 pH 值为 4.4～4.7，不溶于乙醇，400℃失去水分成偏磷酸盐
醋酸铅 $Pb(C_2H_3O_2)_2 \cdot 3H_2O$ 379.35	2.49					无色透明结晶，在空气中迅速风化，形成一层碳酸铅薄膜，易溶于含有醋酸的水溶液中，不溶于醚，有毒
氧化锌 ZnO 81.38	5.5～5.6	2000（5.27 $\times 10^6$Pa）	升华 1 950 分解	1.6×10^{-4}（29℃）		白色粉末，不溶于水，易溶于酸成锌盐，也溶于碱而成锌酸盐
汞 Hg 200.61	13.551	−38.87	356.58			亮白带微灰色的液体金属，常温下不易被空气氧化，至350℃方开始氧化。汞的蒸气有毒
高锰酸钾 $KMnO_4$ 158.03	2.7	分解 >200		6.4	25（65℃）	紫红色光亮结晶，能溶于水、甲醇及丙酮，在酸性或碱性介质中，均为较强的氧化剂，遇日光能分解，为化验室中最广泛使用的一种氧化剂，因此固体试剂或溶液均应贮于褐色瓶中
重铬酸钾 $K_2Cr_2O_7$ 249.19	2.7	398	分解 >500	13	102	桔红色结晶，能溶于水，其氧化能力不如高锰酸钾。重结晶后易得纯品，在分析上主要用作标准溶液或基准试剂

续表

试剂	密度/（g/cm³）	熔点/℃	沸点/℃	在水中溶解度②		一般性质
				20℃	100℃	
过氧化氢 H_2O_2 34	1.465（0℃）	-0.89	69.7（3.73×10^3Pa）	∞		又名双氧水，无色液体，含量为30%，加热易分解成水与初生态氧[O]。其氧化能力很强，是化验室常用的一种氧化剂，避免与皮肤和眼睛接触，应与易燃品远离，贮藏冷暗处
过氧化钠 Na_2O_2 78	2.81	460	分解 >600	能溶	反应	浅黄色粉末，或圆珠颗粒，溶于水后生成氢氧化钠和过氧化氢，氧化力强，易吸潮，因此必须封闭好存放于干燥器中。过氧化钠遇有机物（如纸、木屑等）在湿气中发热而燃烧
硝酸铵 NH_4NO_3 80.048	1.73	169.6	分解 >190	178	1010	白色结晶，易溶于水，溶解时剧烈吸热，使溶液剧烈冷却。一份水与一份硝酸铵混合，可使温度下降15℃~20℃，在190℃以上分解为水和亚硝酸盐，迅速加热或在有机物存在下加热时，会引起爆炸。在磷酸介质中，在190℃~200℃用硝酸铵将二价锰氧化成三价锰
氯酸钾 $KClO_3$ 122.56	2.34	356	分解 >400	7.3	56.6	白色小片结晶，在空气中稳定，易溶于水，水溶液呈中性，加热至550℃分解放出氧气。与可燃物在一起摩擦或加热时，能发生爆炸，是一种强氧化剂
碘 I_2 253.84	4.93	113.7~114.1	184.35			棕黑色片状结晶，具有金属光泽，微溶于水，易溶于乙醇、醚、氯仿和碘化铵（KI，NaI及NH_4I）的水溶液中。碘加热升华，形成紫色蒸气，是一种有刺激性的气体，因此应储存封闭容器中。放于阴暗处。碘为一种弱的氧化剂
溴 Br_2 159.83	2.928（59℃）	-7.2	58.78	3.13（30℃）		暗红色液体，有强烈刺激性，触及皮肤引起发炎。易溶于乙醇、醚、氯仿、苯、二硫化碳内，难溶于水，能溶于盐酸、氢溴酸、溴化钾，遇有机物着火可燃
氯化汞 $HgCl_2$ 271.52	5.44（25℃）	276	302	6.6	55	又名升汞，为无色结晶，溶于热水，在分析铁时常用来氧化过量的氯化亚锡成高价锡，而本身被还原为氯化亚汞（甘汞）
盐酸羟胺 $NH_2OH·HCl$ 69.49	1.67	151	分解 >51	易溶		无色透明粉末，是一种强的还原剂，易溶于水

续表

试剂	密度/(g/cm³)	熔点/℃	沸点/℃	在水中溶解度②		一般性质
				20℃	100℃	
草酸 $H_2C_2O_4 \cdot 2H_2O$ 126.07	1.65	189	升华 >150	9.5	易溶解	无色晶体或白色晶体粉末，易溶于热水，较难溶于冷水，为二元酸，在空气中晶体风化能失去部分结晶水，在100℃时能完全脱水，强热时分解，溶于水后，既可作还原剂，又能作酸的标准溶液
亚硫酸 H_2SO_3 82.032	1.029					无色溶液，有漂白作用，能为很多氧化剂所氧化，水溶液含 SO_2 约为6%
碘化钾 KI 166.02	3.13	686	1 330	144	208	无色晶体，易溶于水并吸热，与许多氧化剂作用析出定量的碘，为碘量法的基本试剂
亚硝酸钠 $NaNO_2$ 69.01	2.17	284	分解 320	84.5	163	淡黄色粉末，在强碱性溶液中，为强氧化剂，遇酸即分解，具氧化性，但与强氧化剂作用它又能被氧化，因此又是试验室中常用的还原剂。与有机物接触，能燃烧和爆炸
硫代硫酸钠 $Na_2S_2O_3 \cdot 5H_2O$ 248.22	1.73	45~50	失水 <100	79.4 (0℃)	301.5 (60℃)	无色结晶，在常温下比较安定，在干燥空气中易风化，在潮湿空气中易潮解，水溶液吸收 CO_2，徐徐分解析出硫。能将碘还原为碘化物。与铜离子作用，生成硫化铜沉淀
亚硫酸钠 Na_2SO_3 126.16	2.63		分解	26.9	28.3 (80℃)	白色粉末。在干燥空气中不易被氧化，易溶于水。其水溶液呈碱性(pH约为9)，与氧化耕作用，被氧化成硫酸钠
三氧化二砷 As_2O_3 197.84	3.7~4.1	升华 193	分解 >200~300	2.04 (25℃)	11.46	白色或透明不定形状，或结晶粉末。无臭、无味、剧毒。能溶于苛性碱而呈亚砷酸钠，为测定锰的标准溶液。精制的三氧化二砷为标定碘液的基准试剂
酒石酸 $H_2C_4H_4O_6$ 150.09	1.76	170		139		无色晶体，在空气中不起变化，溶于水、乙醇。不溶于氯仿，为 Al^{3+}、Fe^{3+}、Nb^{5+}、Ta^{5+}、W^{6+}、Sb^{4+}、Sn^{4+}、Zr^{4+}、$UO_2{}^{4+}$ 等离子的良好掩蔽剂

续表

试剂	密度/(g/cm³)	熔点/℃	沸点/℃	在水中溶解度[②]		一般性质
				20℃	100℃	
氰化钾 KCN 65.12	1.52	635		易溶	易熔	白色晶体物质，剧毒，易吸收空气中的水分和 CO_2，变为碳酸盐，同时分解出剧毒的氢氰酸，因此使用时应小心，以酸分解时，应在通风良好的烟柜中进行。氰化物能与 Ag^+、Zn^{2+}、Co^{2+}、Ni^{2+}、Cd^{2+}、Fe^{3+}、Fe^{2+}、Mn^{2+}、Hg^{2+}、Pb^{2+} 等离子生成稳定配合物，而且大多是无色或颜色较淡的配合物，其缺点是有剧毒
乙醇 CH_3CH_2OH 46.07	0.7 893		78.4			无色流动易燃液体，具有芳香气味，能与水任意混合，能溶解很多有机物质，较易燃烧，密封保存，远离烟火
乙醚 $(C_2H_5)_2O$ 74.12	0.7135		34.6			无色流动挥发性液体，为脂肪、树脂及许多有机物的良好溶剂。不溶于水，在分离分析中，常用来作萃取剂，极易燃烧，密封保存，远离烟火
二甲苯 $C_6H_4(CH_3)_2$ 106.17	0.86～0.88		138.35～144.41			是三种同分异构体的混合物，而间一二甲苯含量较多，为无色透明液体，有独特的气味，不溶于水，而溶于酸和碱中，能与无水乙醇及无水醚相混合，易着火，二甲苯蒸气能使人慢性中毒
丙酮 C_3H_6O 58.08	0.792		56.5			无色透明液体，能够与水、乙醇、乙醚、氯仿及苯任意混合，能溶解脂肪、树脂等物质，为最常用的有机溶剂之一，易挥发燃烧，避免与火接触
四氯化碳 CCl_4 153.82	1.59		76.75			为无色质重不燃的液体，在分析中用作脂肪、树脂、橡胶等物质的溶剂
苯 C_6H_6 78.12	0.879		80.10			无色液体。具有强折射光性，有特殊气味，在一切有机溶剂中均易溶解，为脂肪、树脂良好的溶剂和分析萃取溶剂。易燃
乙酸乙酯 $CH_3COO \cdot C_2H_5$ 88.11	0.9006		77.1			无色流动性液体，带有水果香味，能与乙醇、醚、氯仿、苯及许多普通有机试剂机混合。能溶于水(0.9%)，易燃。在分析上常作为油脂油漆的稀释剂和苯取分离溶剂

续表

试剂	密度/ (g/cm^3)	熔点/ ℃	沸点/ ℃	在水中溶解度②		一般性质
				20℃	100℃	
三氯甲烷 $CHCl_3$ 119.38	1.489	-63.5	61.2	0.82		为不易燃烧的无色液体，稍有甜味，微溶于水，能与乙醇、醚及其他有机溶剂相混合。用作脂肪、橡胶、各种树脂、磷、碘的溶剂，也广泛地用作提取各种带色化合物的溶剂
甲基异丁酮 $C_6H_{12}O$ 100.16	0.8 158	-56.9	127.2			为无色液体，微溶于水，与乙醇及醚相混合，易燃，为常用的萃取剂之一
正丁醇 $C_4H_{10}O$ 74.12	0.8 096	-89.8	118.0	9.0 (15℃)		无色液体，稍具杂醇油气味，能与乙醇、醚及其他有机溶剂相混合。易燃
二硫化碳 CS_2 76.14	1.27	-111.6	46.5	0.2 (0℃)		无色具有烂萝卜气味的液体，不溶于水，易溶解硫磺，为脂肪、树脂、油类和橡胶的常用溶剂。容易着火

注：① 数字表示相对分子质量；

② 在水(100 g)中的溶解度的数值，对固体及液体其单位是“g”，对气体是“cm^3”，下同；

③ 表示能以任何比率混合。

七、常用酸碱试剂的密度和浓度

以下各表中各物理量的含义：

ρ——溶液的密度，g/mL；

ω——质量分数，%(m/m)；

c——物质的量浓度，moL/L；

ρ_B——质量浓度，g/L。

（一）硝酸

ρ	浓度		
	ω	c	ρ_B
1.00	0.33	0.052 3	3.295
1.05	9.26	1.54	97.2
1.10	17.6	3.07	193.3
1.15	25.5	4.65	292.9
1.20	32.9	6.27	395.3
1.25	40.6	8.05	507.2
1.30	48.4	10.0	629.5
1.35	57.0	12.2	768.7
1.40	67.0	14.9	937.6
1.45	79.3	18.3	1 152
1.50	96.7	23.0	1 450
1.51	99.3	23.8	1 4919
1.513	100.0	24.01	1 513

（二）硫酸

ρ	浓度		
	ω	c	ρ_B
1.00	0.261	0.0266	2.61
1.10	14.7	1.65	162
1.11	16.1	1.82	178
1.12	17.4	1.99	195
1.13	18.8	2.16	212
1.14	20.1	2.33	229
1.15	21.4	2.51	246
1.16	22.7	2.68	263
1.17	24.0	2.86	280
1.18	25.2	3.03	297
1.19	26.5	3.21	315
1.20	27.7	3.39	332
1.21	29.0	3.57	350
1.22	30.2	3.75	368
1.23	31.4	3.94	386
1.24	32.6	4.12	404
1.25	33.8	4.31	423
1.26	35.0	4.50	441
1.27	36.2	4.69	460
1.28	37.4	4.88	478
1.29	38.5	5.07	497
1.30	39.7	5.26	516
1.35	45.3	6.23	611
1.40	50.5	7.21	707
1.45	55.4	8.20	804
1.50	60.2	9.20	902
1.55	64.7	10.2	1003
1.60	69.1	11.3	1105
1.65	73.4	12.3	1210
1.70	77.6	13.5	1320
1.75	82.1	14.7	1437
1.80	87.7	16.1	1578
1.81	89.2	16.5	1615
1,82	91.1	16.9	1659
1.83	93.6	17.5	1713
1.835	95.72	17.91	1757

（三）盐酸

ρ	浓　　度		
	ω	c	ρ_B
1.00	0.360	0.098 7	3.60
1.05	10.5	3.03	110
1.10	20.4	6.15	224
1.12	24.2	7.45	272
1.13	26.2	8.12	296
1.14	28.2	8.81	321
1.15	30.1	9.50	347
1.16	32.1	10.2	373
1.17	34.2	11.0	400
1.18	36.2	11.7	428
1.19	38.3	12.5	456
1.198	40.0	13.14	479

（四）磷酸

ρ	浓　　度		
	ω	c	ρ_B
1.00	0.296	0.030	2.96
1.05	9.43	1.01	99.0
1.10	17.9	2.00	197
1.15	25.6	3.00	294
1.20	32.8	4.01	393
1.25	39.5	5.04	494
1.30	45.9	6.09	596
1.35	51.8	7. t4	700
1.40	57.5	8.22	806
1.45	63.0	9.32	913
1.50	68.1	10.4	1021
1.55	73.0	11.5	1131
1.60	77.6	12.7	1242
1.65	82.1	13.8	1354
1.70	86.4	15.0	1468
1.75	90.5	16.2	1584
1.80	94.6	17.4	1702
1.85	98.5	18.6	1822
1.870	100.0	19.08	1870

（五）乙酸

ρ	浓度		
	ω	c	ρ_B
1.00	1.20	0.200	12.0
1.01	8.14	1.37	82.2
1.02	15.4	2.61	157
1.03	23.1	3.96	238
1.04	31.6	5.46	328
1.05	40.2	7.03	422
1.06	53.4	9.43	566
1.07	77～79	13.7～14.1	822～846
1.08	95.4	16.8	1 008
1.09	99.9	17.5	1 050

（六）氨水

ρ	浓度		
	ω	c	ρ_B
0.998	0.0465	0.027 3	0.464
0.990	1.89	1.10	18.7
0.980	4.27	2.46	41.8
0.970	6.75	3.84	65.3
0.960	9.34	5.27	89.6
0.950	12.0	6.71	114
0.940	14.9	8.21	140
0.930	17.9	9.75	166
0.920	20.9	11.3	192
0.910	24.0	12.8	218
0.900	27.3	14.4	245
0.890	30.7	16.0	273
0.884	32.8	17.0	290
0.880	34.4	17.8	302

（七）氢氧化钠

ρ	浓度		
	ω	c	ρ_B
1.00	0.159	0.039 8	1.59
1.05	4.65	1.22	48.9
1.10	9.19	2.53	101
1.15	13.7	3.95	158
1.20	18.2	5.48	219
1.25	22.8	7.13	285
1.30	27.4	8.91	356
1.35	32.1	10.8	433
1.40	37.0	13.0	518
1.45	42.1	15.2	610
1.50	47.3	17.8	710
1.51	48.4	18.3	730
1.52	49.4	18.8	751
1.53	50.5	19.3	772

（八）氢氧化钾

ρ	浓　度		
	ω	c	ρ_B
1.00	0.197	0.0351	1.96
1.05	5.66	1.06	59.5
1.10	11.0	2.16	121
1.15	16.3	3.33	187
1.20	21.4	4.57	256
1.25	26.3	5.87	329
1.30	31.2	7.22	405
1.35	35.8	8.62	484
1.40	40.4	10.1	565
1.45	44.8	11.6	650
1.50	49.1	13.1	737
1.52	50.8	13.8	772
1.53	51.6	14.1	790
1.535	52.0	14.2	796

八、常用指示剂的配制

（一）常用的酸碱指示剂

常用的酸碱指示剂按其变色的 pH 值排列。1～5 适宜用于滴定弱碱，6～7 适宜用于滴定强酸和强碱，8～11 适宜用于滴定弱酸。

序号	酸碱指示剂	变色范围 pH	配 制 方 法
1	甲酚红（第一次变色）	红 0.2～1.8 黄	0.1g 溶于 13.1mL 0.02mol/L NaOH 溶液中，用水稀释至 250mL
2	百里酚蓝（第一次变色）	红 1.2～2.8 黄	① 0.1g 溶于 10.75mL 0.02mol/L NaOH 溶液中，用水稀释至 250mL ② 0.1g 溶于 100mL 20% 乙醇
3	甲基黄	红 2.9～4.0 黄	0.1g 溶于 100mL 90% 乙醇
4	甲基橙	红 3.1～4.4 橙	0.1g 溶于 100mL 水
5	溴甲酚绿	黄 3.8～5.4 蓝	0.1g 溶于 7.15 mL0.02 mol/L NaOH 溶液中，用水稀释至 250mL
6	甲基红	红 4.2～6.2 黄	0.1g 溶于 18.6mL 0.02mol/L NaOH 溶液中，用水稀释至 250mL
7	溴百里酚蓝	黄 6.0～7.6 蓝	① 0.1g 溶于 8.0mL 0.02mol/L NaOH 溶液中，用水稀释至 250mL ② 0.1g 溶于 100mL 60% 的乙醇
8	甲酚红（第二次变色）	黄 7.2～8.8 红	见 1
9	百里酚蓝（第二次变色）	无色 7.3～10.5 蓝	见 2
10	酚酞	无色 8.0～10.0 红	0.1g 溶于 100mL 60% 的乙醇
11	百里酚酞	无色 9.3～10.5 蓝	0.1g 溶于 100mL 90% 的乙醇

（二）常用混合酸、碱指示剂

指示剂	溶液的质量浓度	组分的体积比	酸式色	变色点（pH 值）	碱式色
甲基黄	0.1%乙醇溶液	1+1	蓝紫	3.25	绿
亚甲基蓝	0.1%乙醇溶液				
甲基橙	0.1%水溶液	1+1	紫	4.1	黄绿
靛蓝二磺酸钠	0.25%水溶液				
溴甲酚绿	0.1%乙醇溶液	3+1	酒红	5.1	绿
甲基红	0.2%乙醇溶液				
甲基红	0.2%乙醇溶液	1+1	红紫	5.4	绿
亚甲基黄	0.1%乙醇溶液				
溴甲酚红紫钠盐	0.1%水溶液	1+1	黄	6.6	蓝紫
溴百里酚蓝钠盐	0.1%水溶液				
中性红	0.1%乙醇溶液	1+1	紫蓝	7.0	绿
亚甲基蓝	0.1%乙醇溶液				
中性红	0.1%乙醇溶液	1+1	玫瑰	7.2	绿
溴百里酚蓝	0.1%乙醇溶液				
溴百里酚蓝钠盐	0.1%水溶液	1+1	黄	7.5	紫
甲酚红钠盐	0.1%水溶液				

（三）常用的金属指示剂

金属指示剂（简称）	被测定的金属离子	pH 及介质	颜色变化	配制方法
铬黑 T（EBT）	Cd^{2+} Mg^{2+} Mn^{2+}，Zn^{2+} pb^{2+}	6.8～11.5 $NH_3 \cdot H_2O$ 10$NH_3 \cdot H_2O$ 8～10 $NH_3 \cdot H_2O$ 10$NH_3 \cdot H_2O$	红→蓝 红→蓝 红→蓝 红→蓝	1. 配成固体：0.1 EBT 加 10 gNaCl，研细。 2. 0.2%～0.5%的乙醇溶液
钙指示剂（NH 或 HSN）	Ca^{2+}	12～12.5NaOH	红→蓝	固体试剂，以 NaCl 粉末稀释 100 倍
1－(2－吡啶偶氮）2－萘酚（PAN）	Bi^{3+} Cu^{2+} Th^{4+} Ni^{2+} $UO_4{}^{2+}$ Zn^{2+}	1～3HNO_3 2.5 HAC （或 10NH_3H_2O） 2～3.5HNO_3 4 AC^-，热 4.4 六次甲基四胺 5～7 AC^-	红→黄 红→黄 紫→黄 红→黄 粉红→黄 红→黄 粉红→黄	0.1%～0.2%的无水乙醇溶液
Cu－PAN（CuY^{2-} 2～3mL ＋ PAN4～5 滴	所有能与 EDTA 配合的离子		紫红→黄	0.05 mol/LCu^{2+}溶液 25mL＋pH＝10 缓冲液 10mL＋ PAN 5 滴，热至 60℃，用 EDTA 滴至绿色，即为CuY^{2-}溶液

续表

金属指示剂（简称）	被测定的金属离子	pH 及介质	颜色变化	配制方法
磺基水杨酸（SSal）	Fe^{3+}	2~4	红紫→浅黄	5% 水溶液
二甲酚橙（XO）	Bi^{3+} Ca^{2+}、Mn^{2+} Mg^{2+} Cu^{2+}、Zn^{2+}、Pb^{2+}、Hg^{2+} Fe^{3+}	1~3HNO_3 10.5 氨缓冲溶液 10.5 氨缓冲溶液 5~6 六次甲基四胺或 HAc - NaAC 1~1.5HNO_3	红→黄 蓝紫→灰 红→浅灰 红→黄 蓝紫→黄	0.1%、0.2% 或 0.5% 水溶液
紫脲酸铵（MX）	Ca^{2+} Cu^{2+} CO^{2+} Mn^{3+} Ni^{2+} Zn^{2+}	12 NaOH 4HAc - NaAc 7~8 $NH_3 \cdot H_2O$ 8~10 $NH_3 \cdot H_2O$ 10 $NH_3 \cdot H_2O$ 8.5~11.5 $NH_3 \cdot H_2O$ 8~9 $NH_3 \cdot H_2O$	红→紫 橙→红 黄→紫 黄→紫 橙→红 粉红→紫 粉红→紫	1. 0.05 g MX + 10 g K_2SO_4研细 2. 0.1% 无水乙醇溶液
甲基百里酚蓝（MTB）	Ba^{2+} Ca^{2+}、Sr^{2+} Bi^{3+}、Th^{4+} Cd^{2+}、Hg^{2+} Mn^{2+}、Pb^{2+} Zn^{2+} Cu^{2+}、Mg^{2+} Fe^{3+} Sn^{2+}	10~11$NH_3.H_2O$ 12NaOH 1~3HNO_3 5~6 六次甲基四胺 11.5NH_3 4.5~6 六次甲基四胺 5.5~6 吡啶 - HAC	蓝→灰 蓝→灰 蓝→黄 蓝→黄 蓝→灰 蓝→黄 蓝→黄	0.1g MTB + 10g KNO_3，研细，可用3个月

（四）常用的氧化还原指示剂

氧化还原指示剂	$\varphi^{\ominus}/V^*$	颜色变化		配制方法
		氧化型	还原型	
硝基邻菲啰啉（与亚铁的配合物）	1.25	浅蓝	紫红	0.025mol/L 的水溶液：0.688g 硝基邻菲啰啉与 0.695g 七水硫酸亚铁溶解于 100mL 水中
邻菲啰啉（与亚铁的配合物）	1.06	浅蓝	红	0.025mol/L 的水溶液：1.6249 邻菲啰啉与 0.695g 七水硫酸亚铁溶解于 100mL 水中
对硝基二苯胺	0.99	紫	无	0.05mol/L 的浓硫酸溶液，使用时用浓硫酸稀释为 0.005mol/L
苯代邻氨基苯甲酸	0.89	紫红	无	0.2g 苯代邻氨基苯甲酸溶解于 100mL 0.2% 的碳酸钠溶液，加热
二苯胺磺酸钠	0.85	紫红	无	0.2% 的水溶液
二苯胺	0.76	紫	无	0.1% 的浓硫酸溶液（硫酸先冒烟除去氧化物）
次甲基蓝	0.53	蓝	无	0.1% 的水溶液

* 指示剂变色时的电极电位，$[H^+] = 1mol/L$

九、pH(酸度)标准物质

(一) pH 标准溶液的组成和性质

序号	溶液名称	标准物质分子式	浓度		每升溶液中溶质的质量①/(g/L)	溶液密度/(g/cm^3)	稀释值②($\Delta pH_{1/2}$)	缓冲值③ β	温度系数(pH/℃)
			mol/kg	mol/L					
1	四草酸三氢钾	$KH_3(C_2O_4)_2 \cdot 2H_2O$	0.05	0.04962	12.61	1.0032	+0.186	0.07	+0.001
2	25℃饱和酒石酸氢钾	$KHC_4H_4O_6$	0.034 1	0.034	>7	1.0036	+0.049	0.027	-0.0014
3	邻苯二甲酸氢钾	$KHC_8H_4O_4$	0.05	0.049 58	10.12	1.0017	+0.052	0.016	-0.0012
4	磷酸氢二钠 磷酸二氢钾	Na_2HPO_4 KH_2PO_4	0.025 0.025	0.024 9 0.024 9	3.533 3.387	1.0028	+0.080	0.029	-0.0028
5	磷酸氢二钠 磷酸二氢钾	Na_2HPO_4 KH_2PO_4	0.030 43 0.008 695	0.030 32 0.008 665	4.303 1.179	1.0020	+0.07	0.016	
6	硼砂	$Na_2B_4O_7 \cdot 10H_2O$	0.01	0.009 971	3.80	0.9996	+0.01	0.020	-0.0082
7	碳酸钠 碳酸氢钠	Na_2CO_3 $NaHCO_3$	0.025 0.025		2.092 2.640		+0.079	0.029	-0.0096
8	25℃饱和氢氧化钙	$Ca(OH)_2$	0.0203	0.020 25	>2	0.9991	-0.28	0.09	-0.033

注：① 在空气中的质量。

② 稀释值：当溶液用等体积水稀释时，溶液 pH 值的改变，$\Delta pH_{1/2} = pH_{(c/2)} - pH_{(c)}$，$pH_{(c)}$ 为浓度为 c 的溶液 pH 值；$pH_{(c/2)}$ 为浓度为 $c/2$ 的溶液的 pH 值。

③ 缓冲值：$\beta = db/d\ pH$，db 是以氢氧离子的 mol/L 浓度表示的加入到溶液中的强碱的量。

(二) pH 标准溶液在不同温度下的 pH 值

温度/℃	0.05mol/kg 四草酸氢钾溶液	25℃饱和酒石酸氢钾溶液	0.05mol/kg 邻苯二甲酸氢钾溶液	0.025mol/kg 磷酸氢二钠 0.025 mol/kg 磷酸二氢钾混合溶液	0.03043mol/kg 磷酸氢钠 0.008695mol/kg 磷酸二氢钾混合溶液	0.01 mol/kg 硼砂溶液	0.025mol/kg 碳酸钠 0.025 mol/kg 碳酸氢钠混合溶液	25℃饱和氢氧化钙溶液
0	1.688		4.006	6.981	7.515	9.458		13.416
5	1.669		3.999	6.949	7.490	9.391	10.998	13.210
10	1.671		3.996	6.921	7.467	9.330	10.923	13.011
15	1.673		3.996	6.898	7.445	9.276	10.855	12.820
20	1.676		3.998	6.879	7.426	9.226	10.793	12.637
25	1.680	3.559	4.003	6.864	7.409	9.182	10.736	12.460
30	1.684	3.551	4.010	6.852	7.395	9.142	10.685	12.292
35	1.688	3.547	4.019	6.844	7.386	9.105	10.638	12.130
37				6.839	7.383			
40	1.694	3.547	4.029	6.838	7.380	9.072	10.597	11.975
45	1.700	3.550	4.042	6.834	7.379	9.042	10.559	11.828
50	1.706	3.555	4.055	6.833	7.383	9.015	10.527	11.697
55	1.713	3.563	4.070	6.834		9.990		11.553
60	1.721	3.573	4.087	6.837		8.968		11.426
70	1.739	3.596	4.122	6.847		8.926		
80	1.759	3.622	4.161	6.862		8.890		
90	1.782	3.648	4.203	6.881		8.856		
95	1.795	3.660	4.244	6.891		8.839		

十、常见化合物的俗名

类别	俗名	主要化学成分
硅化合物	石英	SiO_2
	水晶	SiO_2
	打火石、燧石	SiO_2
	玛瑙	SiO_2
	砂石	Mg_2SiO_4
	橄榄石	$ZnSiO_4$
	硅锌石	SiO_2
	硅胶	
锶化合物	天青石	$SrSO_4$
	锶垩石	$SrCO_3$
钠化合物	硼砂	$Na_2B_4O_7 \cdot 10H_2O$
	苏打、纯碱	Na_2CO_3
	小苏打	$NaHCO_3$
	红矾钠	$Na_2Cr_2O_7 \cdot 2H_2O$
	苛性钠、苛性碱、火碱、烧碱	$NaOH$
	钠硝石、智利硝石	$NaNO_3$
	芒硝、朴硝	$Na_2SO_4 \cdot 10H_2O$
	大苏打、海波	$Na_2S_2O_3 \cdot 5H_2O$
	硫化碱	Na_2S
	水玻璃	$Na_2SiO_3 \cdot nH_2O$
钾化合物	钾碱、碱砂	K_2CO_3
	黄血盐	$K_4Fe(CN)_6 \cdot 3H_2O$
	赤血盐	$K_3Fe(CN)_6$
	苛性钾	KOH
	灰锰氧	$KMnO_4$
	钾硝石、火硝	KNO_3
	吐酒石	$K(SbO)C_4H_4O_6$
铵化合物	铵硝石、硝铵	NH_4NO_3
	硫铵	$(NH_4)_2SO_4$
	硇砂	NH_4Cl
钡化合物	重晶石	$BaSO_4$
	钡石	$BaCO_3$
	钡垩石	$BaCO_3$
钙化合物	电石	CaC_2
	白垩	$CaCO_3$
	石灰石	$CaCO_3$
	大理石、文石、霰石、方解石	$CaCO_3$
	萤石、氟石	CaF_2
	熟石灰、消石灰	$Ca(OH)_2$
	漂白粉、氯化石灰	$Ca(OCH)Cl$
	钙硝石	$Ca(NO_3)_2 \cdot 4H_2O$
	生石灰、苛性石灰、煅烧石灰	CaO
	无水石膏	$CaSO_4$
	烧石膏、熟石膏、巴黎石膏	$2CaSO_4 \cdot H_2O$
	石膏	$CaSO_4 \cdot 2H_2O$
	白云石	$CaCO_3 \cdot MgCO_3$

续表

类别	俗　名	主要化学成分
镁化合物	氧镁、白苦土、烧苦土	MgO
	卤矿、卤盐	$MgCl_2$
	泻盐	$MgSO_4 \cdot 7H_2O$
	菱苦土	$MgCO_3$
铝化合物	矾土、钢玉	Al_2O_3
	铝矾、明矾	$K_2Al_2(SO_4)_4 \cdot 24H_2O$
	铵矾	$Al_2(NH_4)_2(SO_4)_4 \cdot 24H_2O$
铬化合物	铬绿	Cr_2O_3
	铬矾	$Cr_2K_2(SO_4)_4 \cdot 24H_2O$
	铵铬矾	$Cr_2(NH_4)_2(SO_4)_4 \cdot 24H_2O$
	红矾	$K_2Cr_2O_7$
	铬黄	$PbCrO_4$
铁化合物	铁丹	Fe_2O_3
	赤铁矿	Fe_2O_3
	磁铁矿	Fe_3O_4
	菱铁矿	$FeCO_3$
	滕氏蓝	$Fe_3Fe_2(CN)_{12}$
	普鲁士蓝	$Fe_4[Fe(CN)_6]_3$
	绿矾、青矾	$Fe_3O_4 \cdot 7H_2O$
	（钾）铁矾	$Fe_2K_2(SO_4)_4 \cdot 2H_2O$
	（钾）亚铁矾	$FeK_2(SO_4)_2 \cdot 6H_2O$
	铵铁矾	$Fe_2(NH_4)_2(SO_4)_2 \cdot 24H_2O$
	铵亚铁钒	$Fe(NH_4)_2(SO_4)_2 \cdot 6H_2O$
	毒砂	$FeAsS$
汞化合物	甘汞	Hg_2Cl_2
	升汞	$HgCl_2$
	三仙丹	HgO
	辰砂	HgS
铜化合物	赤铜矿	Cu_2O
	方黑铜矿	CuO
	辉铜矿	Cu_2S
	孔雀石	$CuCO_3 \cdot Cu(OH)_2$
	铜绿	$CuCO_3 \cdot Cu(OH)_2$
	胆矾、蓝矾	$CuSO_4 \cdot 5H_2O$
砷化合物	砒霜、白砒、信石	As_2O_3
	雄黄、雄精	As_2S_2或As_4S_4
	雌黄	As_2S_3

参 考 文 献

1 周顺行，朱焕勤，朱成章．油料化验(上下)[M]．徐州：中国矿业大学出版社，2007

2 马桂铭．化验室组织与管理(第二版)[M]．北京：化学工业出版社，2002

3 王宝仁，孙乃有．石油产品分析(第二版)[M]．北京：化学工业出版社，2008

4 中国石油化工股份有限公司科技开发部．石油和石油产品试验方法国家标准汇编[M]．北京：中国标准出版社，2005

5 杭州大学化学系分析化学教研室．分析化学手册(第二版)(第一分册)——基础知识与安全知识[M]．北京：化学工业出版社，1997

6 郑发正 谢凤．润滑剂性质与应用[M]．北京：中国石化出版社，2006

参考文献

1. [illegible]
2. [illegible]
3. [illegible]
4. [illegible]
5. [illegible]
6. [illegible]